Amar Saraswat

Medicina de precisão: Aplicações de IA na segmentação de tumores cerebrais

Amar Saraswat

Medicina de precisão: Aplicações de IA na segmentação de tumores cerebrais

ScienciaScripts

Cover image: www.ingimage.com

This book is a translation from the original published under ISBN 978-620-7-47606-0.

Publisher:
Sciencia Scripts
is a trademark of
Dodo Books Indian Ocean Ltd. and OmniScriptum S.R.L publishing group

120 High Road, East Finchley, London, N2 9ED, United Kingdom
Str. Armeneasca 28/1, office 1, Chisinau MD-2012, Republic of Moldova, Europe
Printed at: see last page
ISBN: 978-620-7-49015-8

Medicina de precisão: Aplicações de IA na segmentação de tumores cerebrais

- Dr. Amar Saraswat
Professor assistente, Universidade K. R. Mangalam, Gurugram

Índice

Capítulo 1: Introdução

Introdução:

No domínio da medicina moderna, o conceito de medicina de precisão surgiu como uma abordagem inovadora que adapta o tratamento médico às características individuais de cada doente. Na sua essência, a medicina de precisão procura otimizar os resultados dos doentes, considerando factores genéticos, ambientais e de estilo de vida no diagnóstico e tratamento de doenças. Este capítulo aprofunda os meandros da medicina de precisão, explorando a sua evolução, princípios e aplicações nos cuidados de saúde.

A medicina de precisão representa uma mudança de paradigma da abordagem tradicional de "tamanho único" para uma forma de cuidados de saúde mais personalizada e direccionada. Ao aproveitar os avanços da genómica, da biologia molecular e da análise de dados, a medicina de precisão permite que os profissionais de saúde tomem decisões informadas e adaptadas à composição genética e ao perfil de saúde únicos de cada doente. Este capítulo apresenta uma panorâmica dos princípios fundamentais da medicina de precisão e do seu potencial para revolucionar a prestação de cuidados de saúde.

No contexto da medicina de precisão, a imagiologia médica desempenha um papel crucial no diagnóstico, planeamento do tratamento e monitorização das doenças. Os avanços nas tecnologias de imagiologia médica aumentaram significativamente a nossa capacidade de visualizar e caraterizar as doenças a nível molecular e celular. No entanto, a interpretação de imagens médicas pode ser complexa e subjectiva, exigindo a perícia de radiologistas e clínicos treinados. Este capítulo explora a intersecção entre a medicina de precisão e a imagiologia médica, destacando a importância da inteligência artificial (IA) no aumento da precisão e eficiência do diagnóstico.

A IA surgiu como uma força transformadora no domínio da imagiologia médica, oferecendo soluções inovadoras para enfrentar os desafios associados à interpretação e análise de imagens. Ao tirar partido dos algoritmos de aprendizagem automática e das técnicas de aprendizagem profunda, os sistemas de imagiologia com IA podem ajudar os prestadores de cuidados de saúde a identificar anomalias subtis, a prever a progressão da doença e a orientar as decisões de tratamento. Este capítulo examina o papel da IA na imagiologia médica e o seu potencial para melhorar a prática da medicina de precisão, melhorando, em última análise, os resultados para os doentes e a qualidade dos cuidados.

À medida que a medicina de precisão continua a ganhar força na prática clínica, a integração de tecnologias de IA na imagiologia médica é uma promessa imensa para o avanço das capacidades de diagnóstico e estratégias de tratamento personalizadas. Ao aproveitar o poder das percepções orientadas pela IA, os prestadores de cuidados de saúde podem desbloquear novas oportunidades para prestar cuidados mais precisos, eficientes e personalizados a pacientes de diversas populações. Este capítulo prepara o terreno para explorar a relação sinérgica entre a medicina de precisão e a IA na reformulação do futuro dos cuidados de saúde.

1.1 Visão geral da medicina de precisão

A medicina de precisão, também conhecida como medicina personalizada ou estratificada, representa uma mudança de paradigma nos cuidados de saúde que procura adaptar as intervenções médicas às características únicas de cada doente. Ao contrário das abordagens tradicionais que se baseiam num modelo único, a medicina de precisão reconhece que os doentes diferem não só na sua composição genética, mas também nas suas exposições ambientais, escolhas de estilo de vida e manifestações de doenças. Ao tirar partido dos avanços da genómica, da biologia molecular e da ciência dos dados, a medicina de precisão visa otimizar os resultados dos doentes através de terapias e intervenções específicas.

No centro da medicina de precisão está o conceito de biomarcadores, que são indicadores mensuráveis de processos biológicos ou estados de doença. Os biomarcadores podem incluir mutações genéticas, níveis de expressão de proteínas, assinaturas metabólicas e características imagiológicas, entre outros. Ao identificar e analisar estes biomarcadores, os profissionais de saúde podem obter informações sobre os mecanismos subjacentes à doença, prever a resposta ao tratamento e estratificar os doentes em subgrupos mais homogéneos para intervenções personalizadas. A medicina de precisão representa, assim, uma mudança para uma abordagem mais proactiva, preditiva e personalizada da prestação de cuidados de saúde.

Um dos principais pilares da medicina de precisão é a sequenciação genómica, que envolve o mapeamento de todo o código genético de um indivíduo para identificar variações ou mutações que possam contribuir para a suscetibilidade ou progressão da doença. Os avanços nas tecnologias de sequenciação de nova geração tornaram a sequenciação genómica mais acessível e económica, permitindo estudos genómicos em grande escala e iniciativas de medicina genómica personalizada. Ao integrar dados genómicos com informações clínicas e ambientais, a medicina de precisão visa desvendar a complexa interação entre genética, factores de estilo de vida e risco de doença, abrindo caminho para intervenções mais direccionadas e eficazes.

Para além da genómica, a medicina de precisão engloba uma vasta gama de disciplinas ómicas, incluindo a transcriptómica, a proteómica, a metabolómica e a microbiómica, que, em conjunto, fornecem uma visão abrangente do perfil molecular de um indivíduo. Estas tecnologias ómicas permitem aos investigadores caraterizar o panorama molecular das doenças, identificar novos biomarcadores e descobrir potenciais alvos terapêuticos. Ao analisar conjuntos de dados multiómicos, as abordagens da medicina de precisão podem elucidar os intrincados mecanismos moleculares subjacentes à patogénese e progressão das doenças, orientando o desenvolvimento de estratégias de tratamento personalizadas.

Além disso, a medicina de precisão aproveita a análise avançada e os algoritmos de aprendizagem automática para interpretar dados biológicos complexos e extrair informações significativas. Ao analisar conjuntos de dados em grande escala que contêm diversas informações moleculares, clínicas e imagiológicas, os modelos de aprendizagem automática podem identificar padrões, correlações e assinaturas preditivas associadas a fenótipos de doenças e resultados de tratamentos. Estas abordagens baseadas em IA permitem que os prestadores de cuidados de saúde tomem decisões baseadas em dados, dêem prioridade às intervenções e optimizem as vias de tratamento dos doentes em tempo real, conduzindo, em última análise, a uma prestação de cuidados de saúde mais precisa e personalizada.

Em suma, a medicina de precisão representa uma abordagem transformadora dos cuidados de saúde que enfatiza os cuidados individualizados dos doentes com base na integração de dados genómicos, moleculares, clínicos e ambientais. Ao tirar partido das tecnologias de ponta e das ferramentas analíticas, a medicina de precisão tem o potencial de revolucionar o diagnóstico, o tratamento e a prevenção de doenças, dando início a uma nova era de cuidados de saúde personalizados, adaptados às necessidades únicas de cada doente.

1.2 Importância da IA na imagiologia médica

A IA surgiu como uma força transformadora na imagiologia médica, revolucionando a forma como os prestadores de cuidados de saúde diagnosticam, tratam e monitorizam as doenças. A importância da IA na imagiologia médica decorre da sua capacidade de analisar grandes quantidades de dados de imagiologia com uma velocidade, precisão e eficiência sem precedentes, aumentando assim as capacidades dos radiologistas e melhorando os resultados dos doentes.

Uma das principais vantagens da IA na imagiologia médica é a sua capacidade de ajudar os radiologistas a detetar e diagnosticar doenças mais cedo e com maior precisão do que os métodos tradicionais. Os algoritmos de IA podem analisar imagens médicas, como radiografias, tomografias computorizadas, ressonâncias magnéticas e imagens de ultra-sons, para identificar anomalias subtis ou padrões indicativos de várias doenças, incluindo cancros, fracturas e perturbações neurológicas. Ao assinalar resultados potencialmente preocupantes para uma análise mais aprofundada por parte dos radiologistas, a IA ajuda a reduzir os erros de supervisão e garante que os pacientes recebem cuidados médicos atempados e adequados.

Além disso, a IA permite a automatização de tarefas de rotina na interpretação de imagens médicas, libertando o tempo dos radiologistas para se concentrarem em casos mais complexos e nos cuidados aos doentes. Os algoritmos de IA podem executar tarefas como a segmentação de imagens, a localização de órgãos e a deteção de lesões com uma velocidade e consistência notáveis, melhorando a eficiência e o rendimento do fluxo de trabalho da radiologia. Esta maior eficiência não só acelera o diagnóstico e o planeamento do tratamento, como também reduz os custos dos cuidados de saúde e melhora a satisfação dos pacientes, minimizando os tempos de espera e os atrasos.

Outro aspeto crítico da IA na imagiologia médica é o seu papel na melhoria da precisão do diagnóstico e na redução da variabilidade na interpretação. Os algoritmos de IA podem ser treinados em grandes conjuntos de dados de imagens médicas anotadas para aprender padrões e características associados a diferentes doenças e condições. Ao aperfeiçoar continuamente os seus modelos através da aprendizagem iterativa, os sistemas de IA podem atingir níveis elevados de desempenho de diagnóstico, rivalizando ou mesmo ultrapassando os peritos humanos em determinadas tarefas. Esta maior precisão de diagnóstico não só conduz a melhores resultados para os doentes, como também ajuda a reduzir procedimentos, intervenções e despesas de saúde desnecessários.

Além disso, as soluções de imagiologia médica baseadas em IA facilitam a implementação de abordagens de medicina de precisão, permitindo a extração de biomarcadores quantitativos de imagiologia e de modelos preditivos a partir de imagens médicas. Esses biomarcadores e modelos podem fornecer informações valiosas sobre a progressão da doença, a resposta ao tratamento e o prognóstico do paciente, permitindo que os médicos adaptem os planos de tratamento às necessidades individuais dos pacientes. Ao integrar os dados de imagiologia com outras informações clínicas e moleculares, a imagiologia de precisão alimentada por IA tem o potencial de revelar novos conhecimentos sobre a biologia das doenças e transformar a forma como estas são diagnosticadas, monitorizadas e geridas.

De um modo geral, a importância da IA na imagiologia médica reside na sua capacidade de aumentar a precisão do diagnóstico, melhorar a eficiência do fluxo de trabalho e permitir abordagens de medicina de precisão. À medida que as tecnologias de IA continuam a avançar e se tornam mais integradas na prática clínica, têm o potencial de revolucionar a imagiologia médica e remodelar o panorama da prestação de cuidados de saúde, conduzindo, em última análise, a melhores resultados para os doentes em todo o mundo.

Conclusão

Em conclusão, a integração da IA na imagiologia médica representa um avanço significativo com profundas implicações para a prestação de cuidados de saúde. A combinação sinérgica de algoritmos de IA com tecnologias de imagiologia médica demonstrou um potencial notável para aumentar a precisão do diagnóstico, melhorar a eficiência do fluxo de trabalho e permitir abordagens de medicina de precisão. Ao tirar partido das capacidades da IA para analisar grandes quantidades de dados de imagiologia com rapidez e precisão, os radiologistas podem detetar anomalias subtis, automatizar tarefas de rotina e extrair biomarcadores quantitativos de imagiologia para modelação preditiva. Estes avanços não só aceleram o diagnóstico e o planeamento do tratamento, como também reduzem os custos dos cuidados de saúde, minimizam os erros e melhoram os resultados dos doentes.

Além disso, as soluções de imagiologia médica baseadas em IA são promissoras para enfrentar desafios de longa data nos cuidados de saúde, como a variabilidade na interpretação e o acesso a conhecimentos especializados. Ao aumentar as capacidades dos radiologistas e fornecer ferramentas de apoio à decisão, a IA ajuda a garantir cuidados consistentes e de alta qualidade em diferentes contextos de cuidados de saúde. Além disso, a integração da IA na imagiologia médica permite a implementação de abordagens de medicina de precisão, permitindo que os médicos adaptem os planos de tratamento às necessidades individuais dos pacientes com base em biomarcadores quantitativos de imagiologia e modelos preditivos.

No entanto, apesar do enorme potencial da IA na imagiologia médica, há vários desafios e considerações que têm de ser abordados para que se possam concretizar todos os seus benefícios. Estes incluem questões relacionadas com a privacidade e segurança dos dados, parcialidade e justiça do algoritmo, conformidade regulamentar e implicações éticas. Além disso, a implementação bem-sucedida da IA na imagiologia médica requer uma infraestrutura robusta, protocolos padronizados, colaboração interdisciplinar e educação e formação contínuas para os profissionais de saúde.
Olhando para o futuro, a investigação e a inovação contínuas na imagiologia médica impulsionada pela IA prometem fazer avançar ainda mais o campo e melhorar os cuidados aos doentes. Os desenvolvimentos futuros podem incluir a integração da IA com outras tecnologias emergentes, como a genómica e a patologia digital, para permitir abordagens mais abrangentes e personalizadas ao diagnóstico e tratamento de doenças. Além disso, à medida que os algoritmos de IA se tornam cada vez mais sofisticados e transparentes, têm o potencial de permitir aos doentes um maior acesso aos seus dados de imagiologia e um maior envolvimento nas suas decisões em matéria de cuidados de saúde.

Em resumo, a IA surgiu como uma força transformadora na imagiologia médica, oferecendo oportunidades sem precedentes para melhorar as capacidades de diagnóstico, simplificar os processos de fluxo de trabalho e facilitar a medicina de precisão. Ao enfrentar os desafios e aproveitar as oportunidades apresentadas pela IA, os prestadores de cuidados de saúde podem aproveitar todo o potencial da imagiologia médica para melhorar os resultados dos doentes e fazer avançar a prática da medicina no século XXI.

Capítulo 2. Fundamentos da segmentação de tumores cerebrais

Introdução:

O Capítulo 2 explora os fundamentos da segmentação de tumores cerebrais, um aspeto essencial da imagiologia médica e do diagnóstico. Os tumores cerebrais representam um grupo complexo e diversificado de neoplasias que podem desenvolver-se no cérebro ou nas estruturas circundantes, apresentando desafios significativos para um diagnóstico e tratamento exactos. Compreender a natureza dos tumores cerebrais é crucial para desenvolver técnicas de segmentação eficazes e melhorar os resultados dos doentes.

Na secção 2.1, o capítulo aborda a intrincada paisagem dos tumores cerebrais, incluindo a sua classificação, patologia e significado clínico. Os tumores cerebrais podem surgir como tumores primários no próprio cérebro ou como tumores secundários de disseminação metastática. Eles apresentam uma ampla gama de características histológicas, comportamentos e respostas ao tratamento, exigindo abordagens personalizadas para o diagnóstico e o tratamento. Ao obter uma compreensão abrangente da biologia e da patologia dos tumores cerebrais, os profissionais de saúde podem interpretar melhor os resultados de imagiologia e tomar decisões clínicas informadas.

A secção 2.2 centra-se nas técnicas de imagiologia médica utilizadas para a deteção de tumores cerebrais, destacando modalidades como a ressonância magnética (RM), a tomografia computorizada (TC) e a tomografia por emissão de positrões (PET). Estas modalidades de imagiologia fornecem informações valiosas sobre o tamanho, a localização e as características do tumor, ajudando no diagnóstico, no planeamento do tratamento e na monitorização da resposta terapêutica. São explorados os pontos fortes, as limitações e as tecnologias emergentes em cada modalidade de imagiologia para melhorar a visualização e a caraterização do tumor.

Na secção 2.3, o capítulo aborda os métodos tradicionais de segmentação de tumores, que envolvem o delineamento manual dos limites do tumor em imagens médicas. Embora a segmentação manual continue a ser o padrão de ouro para muitas aplicações clínicas, é demorada, subjectiva e suscetível à variabilidade entre observadores. Os desafios associados à segmentação manual são discutidos, juntamente com as técnicas de segmentação automatizada, tais como limiarização, regiongrowing e abordagens baseadas na aprendizagem automática. Estas técnicas avançadas utilizam algoritmos computacionais e inteligência artificial para delinear com precisão os limites do tumor, melhorando a eficiência e a reprodutibilidade na prática clínica.

Em conclusão, o Capítulo 2 fornece uma compreensão fundamental da segmentação de tumores cerebrais, abrangendo a biologia dos tumores cerebrais, técnicas de imagiologia para a deteção de tumores e metodologias de segmentação. Ao elucidar estes fundamentos, o capítulo estabelece as bases para discussões subsequentes sobre algoritmos de segmentação avançados e as suas aplicações na prática clínica. Através de uma abordagem multidisciplinar que integra a imagiologia médica, a informática e a experiência clínica, o objetivo é fazer avançar o campo da segmentação de tumores cerebrais e, em última análise, melhorar os cuidados e os resultados para os doentes.

2.1 Compreender os tumores cerebrais

A compreensão dos tumores cerebrais é fundamental para um diagnóstico eficaz e para o planeamento do tratamento na prática clínica. Os tumores cerebrais são crescimentos anormais de células no cérebro ou nas estruturas circundantes e podem ser benignos ou malignos. Estes tumores podem ter origem em vários tipos de células, incluindo células gliais, neurónios e meninges, dando origem a uma vasta gama de subtipos histológicos e apresentações clínicas.

Um dos aspectos críticos da compreensão dos tumores cerebrais é a sua classificação com base na histologia, localização e comportamento. Histologicamente, os tumores cerebrais são classificados como primários ou secundários. Os tumores cerebrais primários têm origem no próprio cérebro e são ainda classificados com base na sua célula de origem, como os gliomas, meningiomas e adenomas da hipófise. Os tumores cerebrais secundários, também conhecidos como tumores cerebrais metastáticos, surgem de células cancerosas que se espalharam de outras partes do corpo para o cérebro.

A classificação dos tumores cerebrais tem também em conta o seu comportamento, que pode ser classificado como benigno, maligno ou intermédio. Os tumores benignos, como os meningiomas e os neuromas do acústico, crescem lentamente e não invadem os tecidos circundantes. Em contraste, os tumores malignos, como os glioblastomas, crescem rapidamente, invadem o tecido cerebral adjacente e têm uma maior probabilidade de recorrência. Os tumores intermédios apresentam características tanto de tumores benignos como de tumores malignos e podem exigir uma monitorização e intervenção mais rigorosas.

Para além disso, a localização de um tumor cerebral desempenha um papel crucial na determinação dos seus sintomas e opções de tratamento. Os tumores localizados em áreas críticas do cérebro, como o tronco cerebral ou o córtex eloquente, representam desafios significativos para a ressecção cirúrgica devido ao risco de défices neurológicos. Por outro lado, os tumores em áreas menos críticas podem ser mais susceptíveis de intervenção cirúrgica.

A compreensão das características moleculares e genéticas dos tumores cerebrais é também essencial para abordagens de tratamento personalizadas. Os avanços na caraterização genómica levaram à identificação de biomarcadores moleculares que podem orientar as decisões de tratamento e prever a resposta terapêutica. Por exemplo, as mutações em genes como IDH, EGFR e MGMT têm implicações no prognóstico e na seleção do tratamento em gliomas.

Em resumo, uma compreensão abrangente dos tumores cerebrais engloba a sua classificação histológica, comportamento, localização e características moleculares. Este conhecimento constitui a base para o desenvolvimento de estratégias de tratamento personalizadas com o objetivo de melhorar os resultados e a qualidade de vida dos doentes.

2.2 Técnicas de imagiologia médica para a deteção de tumores cerebrais

A imagiologia médica desempenha um papel fundamental na deteção e caraterização de tumores cerebrais, permitindo aos médicos visualizar e avaliar lesões no cérebro de forma não invasiva. Na prática clínica, são utilizadas várias modalidades de imagiologia para a deteção de tumores cerebrais, cada uma com vantagens e aplicações únicas.

1. Tomografia computorizada (TC):

A imagiologia por TC utiliza raios X para gerar imagens transversais do cérebro. É valiosa para a avaliação inicial de doentes com suspeita de tumores cerebrais devido à sua disponibilidade generalizada, tempo de aquisição rápido e capacidade de detetar hemorragias agudas e calcificações. No entanto, a TC tem uma sensibilidade limitada para o contraste de tecidos moles, o que a torna menos adequada para distinguir entre diferentes tipos de lesões cerebrais.

2. Imagiologia por Ressonância Magnética (MRI):

A RM é a modalidade de imagiologia de referência para a avaliação de tumores cerebrais, oferecendo um contraste superior dos tecidos moles e capacidades de imagiologia multiplanar. As sequências de RM normalmente utilizadas na imagiologia de tumores cerebrais incluem imagens ponderadas em T1, T2, recuperação da inversão atenuada de fluidos (FLAIR), imagens ponderadas em difusão (DWI) e imagens ponderadas em T1 com contraste e gadolínio. Estas sequências fornecem informações pormenorizadas sobre a morfologia do tumor, a vascularização e o envolvimento do tecido cerebral circundante.

3. Ressonância magnética funcional (fMRI):

A fMRI é utilizada para avaliar a função cerebral através da medição das alterações do fluxo sanguíneo associadas à atividade neuronal. No contexto da avaliação de tumores cerebrais, a fMRI pode ajudar a identificar áreas corticais eloquentes responsáveis pelas funções linguísticas, motoras e sensoriais, ajudando no planeamento pré-operatório para minimizar os défices pós-operatórios.

4. Tomografia por Emissão de Positrões (PET):

A imagiologia PET envolve a administração de radiofármacos que emitem positrões, que são detectados por um scanner PET. A PET é habitualmente utilizada em conjunto com a TC ou a RM para fornecer informações metabólicas sobre os tumores cerebrais, como o metabolismo da glucose (FDG-PET) e a captação de aminoácidos (por exemplo,[A] 18F-FDOPA PET), ajudando na caraterização do tumor, no estadiamento e na avaliação da resposta ao tratamento.

5. Tomografia Computorizada de Emissão de Fotão Único (SPECT):

A imagiologia SPECT envolve a injeção de traçadores radioactivos que emitem raios gama, que são detectados por uma câmara gama. Embora seja menos utilizada do que a PET, a SPECT pode fornecer informações funcionais complementares sobre os tumores cerebrais, nomeadamente na avaliação da perfusão e do fluxo sanguíneo.

6. Imagiologia de perfusão:

Técnicas como a ressonância magnética dinâmica com contraste (DCE-MRI) e a marcação do spin arterial (ASL) são utilizadas para avaliar a vascularização e a perfusão do tumor, que são importantes biomarcadores da agressividade do tumor e da resposta ao tratamento.

Em resumo, é frequentemente utilizada uma combinação de modalidades de imagiologia no diagnóstico e tratamento de tumores cerebrais, sendo a RM a modalidade principal para uma avaliação abrangente do tumor. Técnicas avançadas como a RMf, a PET e a imagiologia de perfusão oferecem informações funcionais e metabólicas adicionais, facilitando o planeamento personalizado do tratamento e a monitorização da resposta terapêutica.

2.3 Métodos tradicionais de segmentação de tumores

Os métodos tradicionais de segmentação de tumores em imagiologia médica envolvem técnicas manuais ou semi-automatizadas executadas por radiologistas ou médicos. Estes métodos são trabalhosos, demorados e subjectivos, baseando-se frequentemente na inspeção visual e no conhecimento anatómico para delinear os limites do tumor. Algumas abordagens tradicionais de segmentação comumente usadas incluem:

1. Segmentação manual:

A segmentação manual envolve a delineação manual dos limites do tumor, fatia a fatia, em imagens médicas por radiologistas ou operadores treinados. Este processo requer um elevado nível de especialização e é suscetível à variabilidade inter-observador, levando a resultados inconsistentes entre diferentes profissionais. Apesar das suas limitações, a segmentação manual continua a ser um método amplamente utilizado na prática clínica, particularmente nos casos em que os algoritmos automatizados podem ter dificuldade em delinear com precisão estruturas tumorais complexas.

2. Segmentação baseada em limiares:

Os métodos de segmentação baseados em limiares envolvem a seleção de limiares de intensidade para distinguir entre tumor e tecido normal com base nos valores de intensidade dos pixels em imagens médicas. Embora relativamente simples de implementar, as técnicas de limiarização podem produzir resultados imprecisos na presença de ruído, artefactos ou características heterogéneas do tumor. O ajuste dos valores de limiar para acomodar variações na qualidade da imagem e na morfologia do tumor é frequentemente necessário, mas pode introduzir subjetividade e variabilidade no processo de segmentação.

3. Região em crescimento:

Os algoritmos de crescimento de regiões agrupam iterativamente píxeis vizinhos com características de intensidade semelhantes para formar regiões contíguas correspondentes ao tumor. Esta abordagem baseia-se em pontos de semente ou regiões de interesse iniciais (ROIs) fornecidos pelo utilizador e pode ter dificuldades em definir limites precisos do tumor em regiões com baixo contraste ou estruturas adjacentes com níveis de intensidade semelhantes. As variantes dos algoritmos de crescimento de regiões, como a segmentação por bacias hidrográficas, têm como objetivo resolver estas limitações, incorporando critérios adicionais para a fusão de regiões e o refinamento dos limites.

4. Modelos de contorno activos (Snakes):

Os modelos de contorno ativo, também conhecidos como snakes, são modelos deformáveis que evoluem iterativamente para minimizar uma função de energia definida pelas características da imagem e por restrições definidas pelo utilizador. Ao explorar as propriedades locais da imagem e os antecedentes de forma, os contornos activos podem adaptar-se a formas irregulares de tumores e a estruturas de imagem complexas. No entanto, a seleção e a inicialização dos parâmetros são fundamentais para obter resultados de segmentação precisos e a convergência dos contornos activos pode ser influenciada pelo ruído e pelos artefactos da imagem.

5. Segmentação baseada em Atlas:

Os métodos de segmentação baseados em atlas utilizam atlas anatómicos pré-segmentados ou modelos para propagar rótulos de tumores em novas imagens de doentes através de técnicas de registo. Embora as abordagens baseadas em atlas possam aproveitar o conhecimento prévio e os modelos estatísticos para melhorar a precisão da segmentação, dependem da disponibilidade de atlas de alta qualidade e podem ter dificuldades com a variabilidade anatómica intersujeitos e erros de registo.

Em resumo, os métodos tradicionais de segmentação de tumores em imagiologia médica têm limitações inerentes relacionadas com a subjetividade, a variabilidade e a dependência da intervenção manual. Embora estas abordagens continuem a ser valiosas na prática clínica, existe um interesse crescente no desenvolvimento de algoritmos de segmentação automatizados e semi-automatizados, orientados por técnicas de inteligência artificial e de aprendizagem automática, para melhorar a eficiência, a precisão e a reprodutibilidade na delineação de tumores.

Conclusão

Em conclusão, o capítulo sobre os fundamentos da segmentação de tumores cerebrais destaca a gama diversificada de métodos tradicionais utilizados na imagiologia médica para delinear os limites do tumor. Estes métodos, incluindo a segmentação manual, técnicas baseadas em limiares, crescimento de regiões, modelos de contorno ativo e segmentação baseada em atlas, servem de base para a segmentação de tumores na prática clínica. No entanto, estão associados a várias limitações, como a subjetividade, a variabilidade entre observadores, a sensibilidade ao ruído da imagem e a necessidade de intervenção manual.
Apesar das suas deficiências, as abordagens tradicionais de segmentação continuam a ser indispensáveis em determinados cenários clínicos, particularmente quando se trata de estruturas tumorais complexas ou de condições de imagiologia difíceis. Fornecem informações valiosas sobre a morfologia do tumor e ajudam no planeamento do tratamento, na gestão do doente e na monitorização da doença. No entanto, a procura crescente de métodos de segmentação mais eficientes, precisos e reprodutíveis estimulou a exploração de técnicas computacionais avançadas, em particular as impulsionadas pela inteligência artificial e pela aprendizagem automática.

Olhando para o futuro, o futuro da segmentação de tumores cerebrais reside na integração de algoritmos orientados por IA e modelos de aprendizagem profunda em fluxos de trabalho clínicos. Estas abordagens têm o potencial de revolucionar a delineação de tumores, tirando partido de conjuntos de dados de imagiologia em grande escala, extraindo características intrincadas e aprendendo padrões complexos para melhorar a precisão e a eficiência da segmentação. Ao automatizar tarefas tediosas, reduzir a intervenção manual e aumentar a consistência entre diferentes profissionais, os métodos de segmentação baseados em IA são promissores para o avanço da medicina de precisão e para melhorar os resultados dos pacientes em neuro-oncologia.

No entanto, a adoção da IA na segmentação de tumores cerebrais também apresenta desafios e considerações, incluindo a necessidade de quadros de validação robustos, transparência na tomada de decisões algorítmicas e implicações éticas relacionadas com a privacidade dos doentes e a segurança dos dados. A abordagem destas preocupações exige uma colaboração interdisciplinar entre clínicos, radiologistas, cientistas de dados e especialistas em ética para desenvolver soluções de IA responsáveis e fiáveis que se alinhem com as necessidades clínicas e as normas regulamentares.

Em suma, embora os métodos tradicionais de segmentação tenham servido como pedra angular da análise de tumores cerebrais, a integração de tecnologias de IA oferece oportunidades interessantes para melhorar a precisão do diagnóstico, simplificar os fluxos de trabalho clínicos e capacitar os profissionais de saúde com conhecimentos accionáveis. Ao abraçar a inovação, promover a colaboração e defender os princípios éticos, o campo da segmentação de tumores cerebrais está preparado para avanços transformadores que irão moldar o futuro dos cuidados neuro-oncológicos.

Capítulo 3. Técnicas de IA na imagiologia médica

Introdução:

O Capítulo 3 aprofunda o domínio das técnicas de IA na imagiologia médica, explorando a forma como a aprendizagem automática e os algoritmos de aprendizagem profunda estão a revolucionar este campo. Na sua essência, a imagiologia médica serve como uma ferramenta de diagnóstico crucial, fornecendo aos médicos informações valiosas sobre as estruturas e funções internas do corpo humano. No entanto, a interpretação de imagens médicas pode ser complexa e demorada, exigindo frequentemente conhecimentos especializados e uma atenção meticulosa aos pormenores. Este capítulo pretende elucidar como as técnicas de IA, em particular a aprendizagem automática e a aprendizagem profunda, estão a remodelar o panorama da imagiologia médica, oferecendo capacidades sem precedentes na análise, interpretação e diagnóstico de imagens.

Em primeiro lugar, o capítulo aborda os fundamentos da aprendizagem automática, elucidando os seus princípios e metodologias básicos. Os algoritmos de aprendizagem automática permitem que os computadores aprendam com os dados, reconheçam padrões e façam previsões ou tomem decisões com base nos dados sem serem explicitamente programados. Ao tirar partido de vários paradigmas de aprendizagem, como a aprendizagem supervisionada, não supervisionada e por reforço, os algoritmos de aprendizagem automática podem extrair informações significativas de imagens médicas, ajudando em tarefas como a classificação de imagens, a deteção de objectos e o diagnóstico de doenças.

Para além das abordagens tradicionais de aprendizagem automática, o capítulo explora o potencial transformador dos algoritmos de aprendizagem profunda na imagiologia médica. A aprendizagem profunda, um subconjunto da aprendizagem automática inspirado na estrutura e função do cérebro humano, surgiu como uma ferramenta poderosa para a análise e interpretação de imagens. Os algoritmos de aprendizagem profunda, em particular as redes neurais convolucionais (CNN), demonstraram um desempenho notável em tarefas como o reconhecimento de imagens, a segmentação e a extração de características. A sua capacidade de aprender automaticamente representações hierárquicas a partir de dados brutos torna-os adequados para o tratamento de imagens médicas complexas com dados de elevada dimensão e estruturas intrincadas.

Além disso, o capítulo aborda a aplicação específica das redes neuronais convolucionais (CNN) para a segmentação de imagens na imagiologia médica. A segmentação de imagens desempenha um papel crucial na delineação de estruturas anatómicas, na identificação de regiões patológicas e na quantificação da gravidade da doença a partir de imagens médicas. As CNNs, com a sua arquitetura hierárquica e capacidades de aprendizagem de características hierárquicas, têm mostrado resultados promissores em várias tarefas de segmentação, incluindo a segmentação de tumores, a delineação de órgãos e a deteção de lesões. Ao segmentar com precisão as imagens médicas, as CNNs permitem aos médicos extrair medidas quantitativas, acompanhar a progressão da doença e personalizar os planos de tratamento dos pacientes.

Em conclusão, o capítulo prepara o terreno para compreender como as técnicas de IA, particularmente os algoritmos de aprendizagem automática e de aprendizagem profunda, estão a remodelar o panorama da imagiologia médica. Com a sua capacidade de aprender com os dados, reconhecer padrões complexos e fazer previsões precisas, os algoritmos de IA oferecem oportunidades sem precedentes para aumentar a precisão do diagnóstico, melhorar os resultados para os doentes e fazer avançar o campo da radiologia e da imagiologia médica. No entanto, a par destes avanços surgem desafios relacionados com a qualidade dos dados, a robustez dos algoritmos e considerações éticas, sublinhando a importância da colaboração interdisciplinar e da implementação responsável da IA na imagiologia médica.

3.1 Noções básicas de aprendizagem automática

A aprendizagem automática serve de base a várias aplicações de inteligência artificial, incluindo a imagiologia médica. Esta secção fornece uma exploração detalhada dos princípios básicos da aprendizagem automática, elucidando os seus princípios-chave, metodologias e aplicações na imagiologia médica.

Na sua essência, a aprendizagem automática é um subconjunto da inteligência artificial que permite aos sistemas informáticos aprender com os dados e melhorar o seu desempenho ao longo do tempo sem serem explicitamente programados. A essência da aprendizagem automática reside na capacidade dos algoritmos para identificar padrões, extrair conhecimentos significativos e fazer previsões ou tomar decisões baseadas em dados. Existem várias categorias de algoritmos de aprendizagem automática, cada uma delas adequada a diferentes tipos de tarefas e dados:

1. Aprendizagem supervisionada: Na aprendizagem supervisionada, os algoritmos aprendem com dados rotulados, em que cada entrada está associada a uma saída correspondente ou a uma variável alvo. O objetivo é aprender uma função de mapeamento que possa prever com precisão a saída para entradas novas e não vistas. As tarefas comuns de aprendizagem supervisionada incluem a classificação, em que o algoritmo atribui entradas a categorias predefinidas, e a regressão, em que o algoritmo prevê saídas de valor contínuo.

2. Aprendizagem não supervisionada: A aprendizagem não supervisionada envolve a aprendizagem a partir de dados não rotulados, em que o algoritmo tem como objetivo descobrir padrões ou estruturas ocultas nos dados. O agrupamento é uma tarefa típica de aprendizagem não supervisionada, em que o algoritmo agrupa pontos de dados semelhantes em clusters com base nas suas propriedades ou características intrínsecas.

3. Aprendizagem por reforço: A aprendizagem por reforço envolve um agente que aprende a tomar decisões sequenciais, interagindo com um ambiente para maximizar as recompensas cumulativas. O agente recebe feedback sob a forma de recompensas ou penalizações com base nas suas acções, o que lhe permite aprender estratégias óptimas para atingir objectivos predefinidos.

Os algoritmos de aprendizagem automática podem ainda ser categorizados com base nos seus paradigmas de aprendizagem, como a aprendizagem em lote, a aprendizagem em linha e a aprendizagem por reforço. Além disso, vários modelos de aprendizagem automática, como árvores de decisão, máquinas de vectores de apoio, redes neuronais e métodos de conjunto, oferecem diferentes capacidades e compromissos em termos de desempenho, interpretabilidade e escalabilidade.
No contexto da imagiologia médica, a aprendizagem automática desempenha um papel fundamental em tarefas como a classificação de imagens, a deteção de objectos, a segmentação e a reconstrução de imagens. Tirando partido de conjuntos de dados de imagens médicas anotadas, os algoritmos de aprendizagem supervisionada podem aprender a classificar imagens em diferentes estruturas anatómicas, detetar anomalias ou lesões e segmentar órgãos ou tecidos de interesse. Os algoritmos de aprendizagem não supervisionada, por outro lado, podem descobrir padrões ou grupos ocultos nos dados de imagens médicas, ajudando em tarefas como a identificação de subtipos de doenças ou o registo de imagens.

De um modo geral, a aprendizagem automática é uma ferramenta poderosa para extrair informações valiosas dos dados de imagiologia médica, facilitando o diagnóstico preciso, o planeamento de tratamentos personalizados e o prognóstico de doenças. No entanto, continuam a existir desafios como a qualidade dos dados, a interpretabilidade e a generalização, o que sublinha a necessidade de modelos de aprendizagem automática robustos, metodologias de avaliação rigorosas e colaboração interdisciplinar na investigação e prática da imagiologia médica.

4. Aplicações na imagiologia médica: As técnicas de aprendizagem automática são amplamente aplicadas em várias modalidades de imagiologia médica, incluindo raios X, RMN, TAC, PET e ultra-sons. Por exemplo, na ressonância magnética, os algoritmos de aprendizagem automática podem ajudar os radiologistas a segmentar tumores cerebrais, identificar os limites do tumor e quantificar as características do tumor, como o tamanho, a forma e a taxa de crescimento. Na imagiologia por TC, os modelos de aprendizagem automática podem ajudar na deteção precoce de nódulos pulmonares, na previsão dos resultados dos doentes e na otimização das estratégias de tratamento. Além disso, os algoritmos de aprendizagem automática são cada vez mais utilizados para melhorar imagens, reduzir artefactos e tarefas de registo de imagens, melhorando a qualidade e a interpretabilidade das imagens médicas.

5. Sistemas de apoio à decisão clínica: Os sistemas de apoio à decisão clínica (CDSS)

baseados na aprendizagem automática estão a ser desenvolvidos para aumentar as capacidades de diagnóstico dos profissionais de saúde. Estes sistemas integram dados de imagiologia médica com dados clínicos, tais como dados demográficos do paciente, historial médico e resultados laboratoriais, para fornecer avaliações e recomendações mais abrangentes. Por exemplo, no rastreio do cancro da mama, os CDSS alimentados por aprendizagem automática podem analisar mamografias para ajudar os radiologistas a detetar lesões suspeitas, reduzir os falsos positivos e melhorar a precisão do diagnóstico. Do mesmo modo, na neuroimagem, os CDSS podem ajudar os neurologistas a diagnosticar perturbações neurológicas, a prever a progressão da doença e a planear intervenções de tratamento com base em dados de imagiologia multimodal e características específicas do doente.

6. Desafios e limitações: Apesar dos avanços significativos nas técnicas de aprendizagem automática para imagiologia médica, persistem vários desafios e limitações. Um dos principais desafios é a necessidade de grandes conjuntos de dados anotados para treinar modelos de aprendizagem automática robustos e generalizáveis. Os conjuntos de dados de imagiologia médica anotados são frequentemente limitados em tamanho e podem sofrer de erros ou inconsistências de anotação, afectando o desempenho e a fiabilidade dos algoritmos de aprendizagem automática. Além disso, a interpretabilidade dos modelos de aprendizagem automática no domínio da imagiologia médica continua a ser uma preocupação fundamental, nomeadamente no que respeita à aprovação regulamentar e à adoção clínica.
Garantir a transparência, a fiabilidade e a reprodutibilidade das ferramentas de diagnóstico baseadas na aprendizagem automática é essencial para criar confiança entre os prestadores de cuidados de saúde e os doentes.

7. Direcções futuras: Olhando para o futuro, o futuro da aprendizagem automática na imagiologia médica é imensamente promissor para revolucionar a prestação de cuidados de saúde e melhorar os resultados dos doentes. Espera-se que os avanços nas arquitecturas de aprendizagem profunda, como as redes neurais convolucionais (CNN), as redes neurais recorrentes (RNN) e os modelos baseados em transformadores, aumentem ainda mais a precisão e a eficiência das tarefas de análise de imagens médicas. Além disso, a integração de dados de imagiologia multimodal, incluindo genómica, proteómica e metadados clínicos, permitirá abordagens de diagnóstico e terapêuticas mais abrangentes e personalizadas. Além disso, os avanços nas técnicas de IA explicável (XAI) facilitarão a interpretabilidade e a transparência dos modelos de aprendizagem automática, promovendo a sua adoção na prática clínica e nos processos de aprovação regulamentar. Os esforços de colaboração entre médicos, cientistas de dados, parceiros da indústria e agências reguladoras serão cruciais para impulsionar a inovação, enfrentar os desafios e concretizar todo o potencial da aprendizagem automática na imagiologia médica

.

3.2 Algoritmos de aprendizagem profunda

Os algoritmos de aprendizagem profunda surgiram como ferramentas poderosas na análise de imagens médicas, revolucionando o campo com a sua capacidade de aprender automaticamente padrões e representações intrincados a partir de conjuntos de dados em grande escala. No contexto da imagiologia médica, os métodos de aprendizagem profunda destacam-se em tarefas como a classificação, segmentação, deteção e reconstrução de imagens, oferecendo vantagens significativas em relação às abordagens tradicionais de aprendizagem automática. Aqui está uma exploração aprofundada do papel e das aplicações dos algoritmos de aprendizagem profunda na imagiologia médica:

1. Arquitecturas e modelos: As arquitecturas de aprendizagem profunda, em particular as redes neuronais convolucionais (CNN), demonstraram um desempenho notável em várias tarefas de imagiologia médica. As CNNs consistem em várias camadas de nós interligados, cada um realizando operações específicas, como a extração de características e a aprendizagem de representação hierárquica. Estas arquitecturas incluem modelos clássicos como AlexNet, VGG e ResNet, bem como estruturas mais avançadas como U-Net para segmentação de imagens e DenseNet para tarefas de previsão densas. Além disso, as redes neuronais recorrentes (RNN) e os mecanismos de atenção são cada vez mais utilizados para a análise de dados sequenciais e a compreensão contextual na imagiologia médica.

2. Classificação e diagnóstico de imagens: Os algoritmos de aprendizagem profunda têm demonstrado capacidades excepcionais na classificação e diagnóstico de imagens em todas as modalidades de imagiologia médica. Em radiologia, os modelos baseados em CNN são utilizados para a deteção e classificação automatizadas de anomalias, como tumores, fracturas e lesões em exames de raios X, ressonância magnética e tomografia computadorizada. Estes modelos tiram partido de conjuntos de dados anotados em grande escala para aprender características e padrões discriminativos associados a patologias específicas, permitindo um diagnóstico preciso e eficiente. Além disso, os algoritmos de aprendizagem profunda podem realizar tarefas de classificação multi-classe, distinguindo entre diferentes subtipos de doenças ou níveis de gravidade com base em características de imagem.

3. Segmentação e localização de imagens: As técnicas de aprendizagem profunda são amplamente utilizadas para tarefas de segmentação de imagens, que envolvem a delimitação e delineamento de estruturas ou regiões de interesse em imagens médicas. Métodos de segmentação semântica, como redes totalmente convolucionais (FCNs) e U-Net, permitem a rotulagem ao nível do pixel de estruturas anatómicas, tumores ou anomalias em imagens médicas. Os algoritmos de segmentação de instâncias, como a Mask R-CNN, permitem ainda a localização e a delimitação precisas de objectos individuais ou lesões em cenas complexas. Estes resultados de segmentação são inestimáveis para o planeamento de tratamentos, navegação cirúrgica e análise quantitativa do peso da doença.

4. Modelos generativos e síntese de imagens: Modelos generativos baseados em aprendizagem profunda, como redes adversárias generativas (GANs) e autoencoders variacionais (VAEs), facilitam a síntese e reconstrução de imagens em aplicações de imagens médicas. Estes modelos podem gerar imagens médicas sintéticas com texturas e estruturas anatómicas realistas, ajudando no aumento de dados, na adaptação de domínios e na simulação de casos raros ou patológicos. Além disso, os modelos generativos permitem a pintura de imagens, a denotização e a super-resolução, melhorando a qualidade e a interpretabilidade das imagens médicas adquiridas em condições difíceis ou com recursos limitados.

5. Desafios e considerações: Apesar das suas realizações notáveis, os algoritmos de aprendizagem profunda na imagiologia médica enfrentam vários desafios e considerações. Estes incluem a necessidade de conjuntos de dados grandes e diversificados para o treino de modelos, robustez a variações nos protocolos de aquisição de imagens e dados demográficos dos pacientes, interpretabilidade das previsões dos modelos e generalização a cenários clínicos do mundo real. Além disso, as preocupações éticas e regulamentares relacionadas com a privacidade dos dados, a transparência do modelo e a validação clínica devem ser abordadas para garantir a implantação segura e responsável de sistemas baseados em aprendizagem profunda nos cuidados de saúde.

De um modo geral, os algoritmos de aprendizagem profunda têm um enorme potencial para revolucionar a imagiologia médica, permitindo uma análise automatizada, exacta e eficiente de dados de imagiologia complexos. A investigação e a inovação contínuas em metodologias de aprendizagem profunda, juntamente com colaborações interdisciplinares entre clínicos, cientistas de dados e parceiros da indústria, irão impulsionar novos avanços e traduzir estas tecnologias na prática clínica para melhorar os cuidados e os resultados dos pacientes.

3.3 Redes neurais convolucionais (CNNs) para segmentação de imagens

As Redes Neuronais Convolucionais (CNNs) surgiram como uma ferramenta poderosa para a segmentação de imagens, uma tarefa crucial na imagiologia médica que envolve a partição de uma imagem em múltiplos segmentos ou regiões de interesse. Ao contrário dos métodos de segmentação tradicionais, que se baseiam em características e heurísticas criadas manualmente, as CNNs utilizam uma arquitetura hierárquica para aprender automaticamente características relevantes diretamente a partir dos dados de entrada. Aqui está uma exploração aprofundada das CNNs para segmentação de imagens:

1. Arquitetura e componentes: As CNN são constituídas por várias camadas, incluindo camadas convolucionais, camadas de agrupamento e camadas totalmente ligadas. No contexto da segmentação de imagens, a arquitetura típica de uma CNN envolve uma

série de camadas convolucionais seguidas de operações de redução da amostragem (por exemplo, max pooling) para extrair características hierárquicas da imagem de entrada. Estas características são depois propagadas através de camadas convolucionais e de upsampling adicionais para gerar máscaras de segmentação ou mapas de probabilidade para cada classe de interesse.

2. Segmentação semântica: As CNNs são normalmente utilizadas para a segmentação semântica, em que o objetivo é atribuir uma etiqueta de classe a cada pixel da imagem. Esta tarefa é essencial na imagiologia médica para delinear estruturas anatómicas, tumores ou regiões patológicas a partir de tecidos de fundo. As CNNs de segmentação semântica empregam normalmente arquitecturas como a U-Net, que consistem numa estrutura codificador-descodificador com ligações de salto para preservar a informação espacial e facilitar a segmentação precisa.

3. Segmentação de instâncias: A segmentação de instâncias alarga a segmentação semântica, não só atribuindo etiquetas de classe aos pixéis, mas também distinguindo entre instâncias individuais da mesma classe. Na imagiologia médica, as CNN de segmentação de instâncias permitem a localização e a delimitação precisas de vários objectos ou lesões na mesma imagem. Arquitecturas como a Mask R- CNN integram redes de proposta de regiões com cabeças de segmentação baseadas em CNN para obter uma segmentação precisa de instâncias.

4. Treinamento e otimização: O treinamento de CNNs para segmentação de imagens envolve a otimização dos parâmetros do modelo para minimizar uma função de perda adequada (por exemplo, perda de entropia cruzada ou perda de dados) que quantifica a discrepância entre as máscaras de segmentação previstas e as verdadeiras. As técnicas de aumento de dados, como a rotação, o escalonamento e a deformação elástica, são frequentemente utilizadas para aumentar a diversidade e a robustez do conjunto de dados de treino. Além disso, as estratégias de aprendizagem por transferência, em que os modelos CNN pré-treinados em conjuntos de dados de grande escala, como o ImageNet, são afinados em dados de imagiologia médica, podem acelerar a formação e melhorar o desempenho da segmentação, especialmente quando os conjuntos de dados de imagiologia médica rotulados são limitados.

5. Aplicações e desafios: A segmentação de imagens baseada na CNN encontra aplicações em várias modalidades de imagiologia médica, incluindo a ressonância magnética, a tomografia computorizada, a ecografia e a histopatologia. Facilita o diagnóstico automático de doenças, o planeamento de tratamentos e a navegação cirúrgica, fornecendo medições precisas e quantitativas de estruturas anatómicas e regiões patológicas. No entanto, desafios como o desequilíbrio de classes, a heterogeneidade dos dados e a interpretabilidade das previsões dos modelos devem ser abordados para garantir a utilização fiável e segura das CNN na prática clínica.
Em conclusão, as Redes Neuronais Convolucionais (CNN) revolucionaram a

segmentação de imagens na imagiologia médica, oferecendo ferramentas poderosas e flexíveis para a delineação automática e precisa de estruturas anatómicas e regiões patológicas. A investigação e o desenvolvimento contínuos em arquitecturas, estratégias de formação e aplicações de CNN irão melhorar ainda mais as suas capacidades e permitir a sua adoção generalizada em contextos clínicos para melhorar os cuidados e os resultados dos doentes.

Conclusão:

Em conclusão, o capítulo sobre "Redes Neuronais Convolucionais (CNN) para Segmentação de Imagens" sublinha o papel fundamental das CNN no avanço da imagiologia médica através da segmentação precisa e automatizada de estruturas anatómicas e regiões patológicas. Ao tirar partido da extração hierárquica de características e da aprendizagem do contexto espacial, as CNN oferecem um quadro robusto para enfrentar os desafios complexos inerentes à análise de imagens médicas.

Ao longo da discussão, torna-se evidente que as CNNs permitem tarefas de segmentação semântica e de instância com uma precisão e eficiência notáveis. A sua capacidade de discernir detalhes intrincados em imagens médicas facilita o diagnóstico, o planeamento do tratamento e a monitorização terapêutica em várias modalidades de imagiologia.

As aplicações da segmentação de imagens com base em CNN abrangem uma vasta gama de áreas médicas, incluindo radiologia, oncologia, neurologia e patologia. Desde a delineação de tumores e lesões até à segmentação de órgãos e tecidos, as CNNs dão aos clínicos conhecimentos quantitativos e informações accionáveis para uma tomada de decisões informada.

No entanto, é essencial reconhecer os desafios e limitações associados às CNNs na imagiologia médica. O desequilíbrio de classes, a heterogeneidade do conjunto de dados e a interpretabilidade das previsões do modelo continuam a ser áreas de preocupação que exigem esforços contínuos de investigação e desenvolvimento. Além disso, a integração de algoritmos de segmentação baseados em CNN em fluxos de trabalho clínicos requer uma validação meticulosa e conformidade regulamentar para garantir a segurança dos pacientes e a privacidade dos dados.

Olhando para o futuro, a evolução contínua das arquitecturas CNN, juntamente com os avanços nas estratégias de formação e nas técnicas de aumento de dados, é promissora para melhorar ainda mais a precisão e a generalização dos modelos de segmentação baseados em CNN. Os esforços de colaboração entre investigadores, clínicos e partes interessadas da indústria são essenciais para impulsionar a inovação e a transposição das CNNs para a prática clínica, melhorando, em última análise, os cuidados e os resultados dos doentes no domínio da imagiologia médica.

Capítulo 4. Segmentação de tumores cerebrais utilizando IA

Introdução:

No panorama moderno da imagiologia médica, o advento da inteligência artificial (IA) revolucionou a forma como os tumores cerebrais são segmentados e analisados. O Capítulo 4 investiga os meandros da segmentação de tumores cerebrais utilizando IA, oferecendo uma exploração abrangente das metodologias, técnicas e avanços que moldam este domínio crítico.

Na vanguarda da segmentação de tumores cerebrais está o passo crucial do pré-processamento de dados para imagens médicas. A secção 4.1 analisa o processo multifacetado de preparação de dados de imagens médicas para tarefas de segmentação baseadas em IA. Desde a aquisição e normalização de imagens até à redução de ruído e remoção de artefactos, o pré-processamento de dados desempenha um papel fundamental na garantia da qualidade e fiabilidade dos dados de entrada para a subsequente modelação por IA.

Seguindo em frente, a Secção 4.2 investiga o conjunto diversificado de modelos de IA utilizados para a segmentação de tumores cerebrais. Desde os algoritmos tradicionais de aprendizagem automática até às arquitecturas de aprendizagem profunda de última geração, esta secção navega através da rica tapeçaria de metodologias de IA utilizadas para delinear os limites do tumor e caraterizar as propriedades da lesão. Através de uma análise comparativa de diferentes modelos de IA, os leitores obtêm informações sobre os pontos fortes, as limitações e a aplicabilidade de várias abordagens no contexto da segmentação de tumores cerebrais.

Além disso, a Secção 4.3 aprofunda o domínio matizado das métricas de avaliação da precisão da segmentação, lançando luz sobre as medidas quantitativas utilizadas para avaliar o desempenho dos algoritmos de segmentação baseados em IA. Desde o coeficiente de semelhança de dados (DSC) e a distância de Hausdorff até às curvas de sensibilidade, especificidade e precisão-recordação, esta secção fornece uma visão global das métricas utilizadas para avaliar a fidelidade e a fiabilidade dos resultados da segmentação.

Essencialmente, o Capítulo 4 serve como um farol orientador através do intrincado terreno da segmentação de tumores cerebrais utilizando IA. Ao desvendar as complexidades do pré-processamento de dados, da seleção de modelos de IA e das métricas de avaliação, este capítulo equipa os leitores com os conhecimentos e as ideias necessárias para navegarem com confiança e clareza no campo em expansão da análise de imagens médicas orientada por IA.

4.1 Pré-processamento de dados para imagens médicas

No domínio da imagiologia médica, o pré-processamento de dados é um passo fundamental, essencial para melhorar a qualidade e a capacidade de utilização dos dados de imagens médicas para análise subsequente, incluindo a segmentação de tumores cerebrais utilizando IA. Esta secção explora o intrincado processo de pré-processamento de dados para imagens médicas, elucidando as diversas técnicas e metodologias utilizadas para otimizar a qualidade dos dados de entrada.

No início, o pré-processamento de dados envolve a aquisição de imagens, em que modalidades de imagiologia médica como a ressonância magnética (MRI), a tomografia computorizada (CT) e a tomografia por emissão de positrões (PET) captam dados volumétricos que representam estruturas anatómicas internas. A qualidade e a fidelidade das imagens adquiridas influenciam diretamente a precisão e a fiabilidade das tarefas de segmentação subsequentes, exigindo uma atenção meticulosa aos parâmetros de imagiologia, à resolução e à relação sinal/ruído durante a aquisição.

Após a aquisição de imagens, o pré-processamento de dados engloba uma série de passos essenciais com o objetivo de normalizar e melhorar a qualidade da imagem. Isto inclui a normalização da intensidade para garantir intensidades de píxeis consistentes em todas as imagens, a reamostragem espacial para normalizar as dimensões e a orientação dos voxels e técnicas de redução do ruído, como a suavização gaussiana ou a filtragem mediana, para atenuar os artefactos de imagem e melhorar a clareza do sinal.

Além disso, o pré-processamento de dados implica o alinhamento e o registo anatómicos para garantir a consistência espacial entre modalidades de imagiologia ou exames longitudinais. Isto envolve o co-registo de imagens num modelo anatómico comum ou o alinhamento de exames sequenciais para facilitar a comparação e a análise precisas em termos de voxel. Além disso, são utilizadas técnicas de correção do movimento para compensar os artefactos de movimento do doente, assegurando o alinhamento entre volumes de imagem e minimizando as distorções no registo de imagens.

Outro aspeto crítico do pré-processamento de dados é a remoção de artefactos de imagem e ruído, que podem ter um impacto negativo na precisão da segmentação. Isto envolve a identificação e eliminação de artefactos, tais como artefactos de movimento, anel de Gibbs e artefactos relacionados com o scanner, através de técnicas de filtragem avançadas ou algoritmos robustos de deteção de artefactos. Além disso, são aplicadas técnicas de correção do campo de polarização para atenuar as variações de intensidade causadas pela não uniformidade na aquisição de imagens, melhorando a uniformidade da distribuição da intensidade da imagem.

Em resumo, o pré-processamento de dados para imagens médicas desempenha um papel fundamental na otimização da qualidade dos dados de entrada para a segmentação de tumores cerebrais utilizando IA. Ao normalizar as dimensões dos voxels, melhorar a nitidez da imagem e atenuar os artefactos e o ruído, o pré-processamento de dados garante a fiabilidade e a fidelidade dos dados de entrada, estabelecendo uma base sólida para algoritmos de segmentação precisos e robustos orientados para a IA.

4.2 Modelos de IA para a segmentação de tumores cerebrais

No domínio da imagiologia médica e da segmentação de tumores cerebrais, a integração de modelos de inteligência artificial (IA) revolucionou a análise e interpretação de dados de imagiologia complexos. Esta secção analisa os diversos modelos de IA utilizados para a segmentação de tumores cerebrais, elucidando as suas arquitecturas, metodologias e aplicações para melhorar a precisão do diagnóstico e o planeamento do tratamento.

As Redes Neuronais Convolucionais (CNN) estão na vanguarda dos modelos de IA para a segmentação de tumores cerebrais, devido ao seu desempenho excecional em tarefas de análise de imagens. As CNNs utilizam camadas hierárquicas de filtros aprendíveis para extrair automaticamente características hierárquicas de imagens médicas de entrada, permitindo uma delineação precisa dos limites do tumor. A U-Net, uma arquitetura popular de CNN, incorpora um caminho de contração para a extração de características e um caminho de expansão simétrico para uma localização precisa, facilitando a segmentação de alta resolução de tumores cerebrais a partir de exames de ressonância magnética.

Além disso, as Redes Neuronais Recorrentes (RNNs) e as suas variantes, como as redes de Memória de Curto Prazo Longo (LSTM), demonstraram eficácia na modelação de dependências sequenciais em dados médicos volumétricos, particularmente em estudos longitudinais ou análises de séries temporais. Ao captar a dinâmica temporal e as correlações espaciais em dados de imagiologia sequenciais, os modelos baseados em RNN permitem uma segmentação robusta de regiões tumorais em evolução ao longo de vários pontos temporais, melhorando a avaliação do prognóstico e a monitorização do tratamento.

Para além das CNNs e RNNs, as Redes Adversárias Generativas (GANs) surgiram como ferramentas poderosas para a segmentação de tumores cerebrais, sintetizando estruturas semelhantes a tumores realistas e aumentando os dados de treino limitados. As abordagens baseadas em GAN aproveitam uma arquitetura de rede dupla que inclui uma rede geradora encarregada de sintetizar segmentos de tumor realistas e uma rede discriminadora treinada para diferenciar entre imagens de tumor reais e sintéticas. Através de treino contraditório, as GANs refinam iterativamente as segmentações de tumores, produzindo resultados altamente precisos e anatomicamente plausíveis.

Além disso, os modelos baseados na atenção ganharam força na segmentação de tumores cerebrais, concentrando-se dinamicamente em regiões relevantes da imagem e suprimindo o ruído de fundo irrelevante. As arquitecturas baseadas em transformadores, como a arquitetura Transformer e as suas variantes, exploram mecanismos de auto-atenção para captar dependências de longo alcance e relações espaciais em imagens médicas volumétricas, facilitando a segmentação precisa de tumores, mesmo na presença de estruturas anatómicas complexas e artefactos de imagem.

Em resumo, os modelos de IA para segmentação de tumores cerebrais abrangem um conjunto diversificado de arquitecturas, incluindo CNNs, RNNs, GANs e modelos baseados na atenção, cada um adaptado para enfrentar desafios específicos na análise de imagens médicas. Ao tirar partido de técnicas de aprendizagem profunda e de arquitecturas avançadas de redes neuronais, estes modelos dão aos médicos ferramentas poderosas para uma segmentação precisa e eficiente dos tumores, facilitando, em última análise, o diagnóstico atempado e o planeamento personalizado do tratamento de pacientes com tumores cerebrais.

4.3 Métricas de avaliação da exatidão da segmentação

As métricas de avaliação desempenham um papel crucial na avaliação da exatidão e do desempenho dos algoritmos de segmentação de tumores cerebrais, fornecendo medidas quantitativas para avaliar a eficácia dos modelos de IA na delineação de regiões tumorais a partir de imagens médicas. Foram estabelecidas várias métricas de avaliação para quantificar a semelhança entre os resultados da segmentação automatizada e as anotações da verdade terrestre, permitindo comparações objectivas e aferição de diferentes algoritmos e conjuntos de dados.

Uma das métricas de avaliação amplamente utilizadas é o Coeficiente de Similaridade de Dice (DSC), também conhecido como coeficiente Sorensen-Dice, que quantifica a sobreposição espacial entre a região segmentada do tumor e a anotação da verdade terrestre. O DSC mede o rácio da intersecção entre as regiões segmentadas e as regiões verdadeiras em relação ao seu volume combinado, variando de 0 para nenhuma sobreposição a 1 para uma concordância perfeita. As pontuações mais elevadas de DSC indicam uma maior semelhança entre as regiões segmentadas e as regiões da verdade fundamental, reflectindo a precisão do algoritmo na captura dos limites do tumor.

Outra métrica comummente utilizada é a Intersecção sobre União (loU), que calcula o rácio da área de intersecção entre as regiões segmentadas e as regiões de verdade terrestre para a sua área de união. Os valores de IoU variam de 0 a 1, com pontuações mais altas indicando melhor sobreposição e alinhamento entre as máscaras segmentadas e as máscaras de verdade terrestre. O IoU fornece uma medida robusta da precisão da segmentação, particularmente em cenários em que as regiões do tumor exibem formas irregulares ou morfologias complexas.

Além disso, a distância de Hausdorff (HD) é utilizada para quantificar a distância máxima entre os pontos nas regiões segmentadas e nas regiões de verdade terrestre, fornecendo informações sobre a capacidade do algoritmo para captar pormenores e irregularidades em pequena escala nos limites do tumor. Valores mais baixos de HD correspondem a uma concordância mais próxima entre os contornos segmentados e os contornos da verdade terrestre, indicando uma melhor precisão da segmentação e delineamento dos limites.

Além disso, a sensibilidade, a especificidade e a exatidão são métricas de avaliação clássicas normalmente utilizadas em tarefas de análise de imagens médicas, incluindo a segmentação de tumores cerebrais. A sensibilidade mede a proporção de previsões positivas verdadeiras, reflectindo a capacidade do algoritmo para detetar corretamente as regiões tumorais. A especificidade quantifica a proporção de previsões negativas verdadeiras, indicando a capacidade do algoritmo para identificar corretamente regiões não tumorais. A precisão representa a correção global dos resultados da segmentação, tendo em conta tanto as previsões verdadeiramente positivas como as verdadeiramente negativas.

Além disso, a curva ROC (Receiver Operating Characteristic) e a AUC (Area under the Curve) são utilizadas para avaliar a relação entre sensibilidade e especificidade em diferentes limiares de segmentação, fornecendo uma caraterização abrangente do desempenho do algoritmo em vários pontos de funcionamento. A AUC resume o poder discriminativo global do algoritmo, com valores mais elevados a indicar um desempenho superior na distinção entre regiões tumorais e não tumorais.

Em conclusão, as métricas de avaliação como DSC, IoU, HD, sensibilidade, especificidade, exatidão, curva ROC e AUC desempenham um papel fundamental na quantificação da exatidão, robustez e capacidades de generalização dos algoritmos de segmentação de tumores cerebrais. Ao fornecer medidas objectivas do desempenho da segmentação, estas métricas facilitam a avaliação e validação rigorosas dos modelos de IA, melhorando, em última análise, a sua utilidade clínica e adoção em contextos de cuidados de saúde do mundo real.

Conclusão:

Em conclusão, as métricas de avaliação discutidas neste capítulo servem como ferramentas essenciais para avaliar o desempenho e a precisão dos modelos de IA em tarefas de segmentação de tumores cerebrais. Através de medidas quantitativas como o coeficiente de semelhança de dados (DSC), a intersecção sobre a união (IoU), a distância de Hausdorff (HD), a sensibilidade, a especificidade, a precisão, a curva ROC (Receiver Operating Characteristic) e a área sob a curva (AUC), os investigadores e os clínicos podem avaliar eficazmente a qualidade dos resultados da segmentação e comparar a eficácia de diferentes algoritmos.

Estas métricas de avaliação fornecem informações valiosas sobre a capacidade do algoritmo para delinear com precisão os limites do tumor, detetar anomalias subtis em imagens médicas e diferenciar entre regiões tumorais e não tumorais. Ao quantificar a sobreposição espacial, a concordância dos limites e o desempenho global dos algoritmos de segmentação, estas métricas permitem avaliações objectivas do desempenho algorítmico e orientam a tomada de decisões na prática clínica.

Além disso, a escolha das métricas de avaliação deve ser adaptada às características específicas do conjunto de dados e aos requisitos clínicos da tarefa em causa. Enquanto algumas métricas dão prioridade à exatidão espacial e à delimitação dos limites, outras centram-se na sensibilidade, especificidade ou desempenho global da segmentação. Compreender os pontos fortes e as limitações de cada métrica é crucial para selecionar os critérios de avaliação adequados e interpretar os resultados de forma eficaz.

Além disso, o refinamento e a padronização contínuos das métricas de avaliação contribuem para o avanço do campo, facilitando a pesquisa reproduzível e promovendo a colaboração entre pesquisadores e profissionais. Ao estabelecer directrizes consensuais e parâmetros de referência para a avaliação, a comunidade de imagiologia médica pode impulsionar a inovação, acelerar o desenvolvimento de modelos de IA robustos e, em última análise, melhorar os cuidados e os resultados dos doentes.

Em resumo, as métricas de avaliação desempenham um papel fundamental na validação e aferição de modelos de IA para segmentação de tumores cerebrais, fornecendo medidas objectivas de desempenho algorítmico e orientando a tradução dos resultados da investigação para a prática clínica. À medida que o campo continua a evoluir, a adoção de práticas e métricas de avaliação padronizadas será essencial para garantir a fiabilidade, a reprodutibilidade e a utilidade clínica das soluções baseadas em IA na imagiologia médica e nos cuidados de saúde.

Capítulo 5. Aplicações clínicas e estudos de caso

Introdução:

No domínio da imagiologia e do diagnóstico médicos, a fusão da inteligência artificial (IA) representa um avanço significativo, prometendo remodelar as práticas clínicas e elevar os padrões de cuidados aos doentes. O capítulo 5 da nossa exploração centra-se nas aplicações práticas e nos estudos de casos que realçam o potencial transformador da IA na segmentação de tumores cerebrais.

Este segmento analisa a forma como a IA ajuda no diagnóstico e no planeamento do tratamento de doentes com tumores cerebrais. Ao empregar algoritmos avançados de aprendizado de máquina e aprendizado profundo, os sistemas de IA analisam com rapidez e precisão imagens médicas complexas. Essa assistência auxilia os médicos na identificação de regiões tumorais, avaliando as características do tumor e elaborando planos de tratamento personalizados. Além disso, as ferramentas de apoio à decisão baseadas em IA permitem que os prestadores de cuidados de saúde tomem decisões clínicas bem informadas, melhorando os resultados do tratamento e o prognóstico dos doentes.

A implementação da IA no mundo real em contextos clínicos é um passo fundamental para aproveitar plenamente o potencial da IA. Esta secção aborda os desafios e oportunidades associados à integração de sistemas de IA em instalações de cuidados de saúde. Explora preocupações como a privacidade dos dados, a conformidade regulamentar, a interoperabilidade e a integração do fluxo de trabalho. Através de estudos de caso e exemplos práticos, destacamos estratégias de implementação bem-sucedidas, demonstrando os benefícios tangíveis das soluções orientadas para a IA na melhoria da precisão do diagnóstico, na simplificação dos fluxos de trabalho e na otimização da atribuição de recursos em ambientes de cuidados de saúde.

Os estudos de caso são essenciais para ilustrar a aplicação prática de algoritmos de IA na segmentação de tumores cerebrais. Ao examinarmos diversos grupos de doentes, modalidades de imagiologia e tipos de tumores, demonstramos a eficácia e a utilidade clínica das técnicas de segmentação baseadas em IA. Estas técnicas delimitam com precisão os limites do tumor, quantificam as características do tumor e ajudam no planeamento do tratamento. Através de estudos de casos do mundo real e das melhores práticas, pretendemos inspirar os profissionais de saúde a abraçar o potencial da IA, melhorando, em última análise, os cuidados prestados aos doentes e fazendo avançar as práticas de neuro-oncologia.

5.1 Diagnóstico e planeamento de tratamentos assistidos por IA

No domínio da imagiologia médica e da oncologia, o diagnóstico e o planeamento de tratamentos assistidos por IA representam um avanço significativo com profundas implicações para os cuidados dos doentes. As tecnologias de IA, particularmente os algoritmos de aprendizagem automática e de aprendizagem profunda, revolucionaram a forma como os médicos analisam imagens médicas e concebem estratégias de tratamento personalizadas para doentes com tumores cerebrais.

Os sistemas de IA desempenham um papel fundamental no auxílio ao diagnóstico, detectando e caracterizando com precisão os tumores cerebrais em várias modalidades de imagiologia, incluindo a ressonância magnética (MRI), a tomografia computorizada (CT) e a tomografia por emissão de positrões (PET). Estes sistemas utilizam algoritmos sofisticados treinados em vastos conjuntos de dados para identificar anomalias subtis indicativas de tumores, permitindo a deteção precoce e a localização precisa de lesões. Ao automatizar a interpretação de estudos imagiológicos complexos, a IA acelera o processo de diagnóstico, reduz os erros de interpretação e aumenta a precisão do diagnóstico, facilitando assim a intervenção atempada e melhorando os resultados para os doentes.

Além disso, a IA facilita o planeamento do tratamento, fornecendo aos médicos informações valiosas sobre as características do tumor, os padrões de crescimento e a resposta à terapêutica. Através de técnicas avançadas de análise de imagem, os algoritmos de IA segmentam os tumores, delineam os limites do tumor e quantificam os parâmetros volumétricos, permitindo um estadiamento preciso do tumor e a estratificação do risco. Munidos destes dados quantitativos, os médicos podem adaptar os regimes de tratamento às necessidades individuais dos doentes, seleccionando as modalidades terapêuticas mais adequadas e optimizando a eficácia do tratamento, minimizando os efeitos adversos.

Além disso, os sistemas de apoio à decisão baseados em IA oferecem aos médicos uma orientação inestimável na formulação de planos de tratamento personalizados com base em directrizes baseadas em provas, melhores práticas clínicas e factores específicos do doente. Estes sistemas analisam dados multidimensionais, incluindo resultados de imagiologia, características histopatológicas, marcadores genéticos e dados demográficos dos doentes, para gerar recomendações de tratamento abrangentes alinhadas com as normas de cuidados actuais. Ao integrar conhecimentos orientados por IA no processo de tomada de decisões clínicas, os prestadores de cuidados de saúde podem aumentar a precisão do tratamento, otimizar os resultados terapêuticos e melhorar os cuidados gerais prestados aos doentes na gestão dos tumores cerebrais.

Em suma, o diagnóstico e o planeamento do tratamento assistidos por IA representam uma mudança de paradigma transformadora na neuro-oncologia, capacitando os clínicos com ferramentas poderosas para otimizar os cuidados aos doentes, melhorar os resultados do tratamento e fazer avançar o campo da medicina de precisão. À medida que as tecnologias de IA continuam a evoluir e a integrar-se na prática clínica, o seu potencial para revolucionar a gestão dos tumores cerebrais é imensamente promissor para melhorar a precisão do diagnóstico, personalizar as estratégias de tratamento e, em última análise, melhorar o prognóstico e a qualidade de vida dos doentes afectados por estas doenças devastadoras.

O diagnóstico e o planeamento de tratamentos assistidos por IA no contexto da gestão de tumores cerebrais caracterizam-se pela sua capacidade de tirar partido da análise de grandes volumes de dados, da modelização computacional e da análise preditiva para aperfeiçoar os processos de tomada de decisões clínicas. Estes sistemas integram diversos conjuntos de dados, incluindo estudos de imagiologia, dados genómicos, dados demográficos dos doentes e históricos de tratamento, para gerar perfis de doentes abrangentes e adaptar as estratégias de tratamento em conformidade. Ao aproveitar o poder da IA, os médicos podem identificar padrões e correlações subtis nestes conjuntos de dados que podem escapar à perceção humana, permitindo um prognóstico e uma seleção de tratamentos mais precisos.

Além disso, a IA facilita a integração de dados de imagiologia multimodal, como a RM, a TC e as PET, num quadro unificado para uma avaliação abrangente do tumor. Ao combinar modalidades de imagiologia complementares, os algoritmos de IA fornecem aos médicos uma compreensão holística da biologia, morfologia e características funcionais do tumor, permitindo uma delineação mais precisa das margens do tumor e a identificação de sub-regiões resistentes ao tratamento. Esta abordagem integrada aumenta a precisão do planeamento do tratamento e apoia o desenvolvimento de regimes terapêuticos personalizados, adaptados às características únicas do tumor de cada doente.

Além disso, as técnicas de modelação preditiva baseadas na IA permitem aos médicos antecipar a resposta ao tratamento e os resultados prognósticos com base em dados históricos e factores específicos do doente. Ao analisar dados clínicos e de imagiologia longitudinais, os algoritmos de IA podem prever trajectórias de crescimento tumoral, avaliar a dinâmica da resposta ao tratamento e prever probabilidades de sobrevivência a longo prazo, permitindo que os médicos tomem decisões informadas sobre o escalonamento, o desescalonamento ou a adaptação do tratamento. Estas ferramentas de análise preditiva melhoram a tomada de decisões clínicas, fornecendo informações em tempo real sobre a progressão da doença e a eficácia do tratamento, optimizando assim os cuidados aos doentes e a atribuição de recursos.

Além disso, os sistemas de apoio à decisão com base em IA incorporam directrizes baseadas em provas, protocolos clínicos e recomendações de consenso de especialistas no processo de planeamento do tratamento, garantindo a adesão às melhores práticas e às normas de qualidade. Estes sistemas aproveitam o processamento de linguagem natural e os algoritmos de aprendizagem automática para extrair informações accionáveis de vastos repositórios de literatura médica, ensaios clínicos e estudos de casos, fornecendo aos médicos informações actualizadas e recomendações accionáveis no local de tratamento. Ao simplificar a tradução dos resultados da investigação para a prática clínica, os sistemas de apoio à decisão baseados em IA promovem uma cultura de medicina baseada em provas e uma melhoria contínua da qualidade na gestão do tumor cerebral.

5.2 Implementação no mundo real em instalações de cuidados de saúde

A implementação real da IA em instalações de cuidados de saúde para a segmentação de tumores cerebrais envolve várias considerações importantes, incluindo a preparação da infraestrutura, a integração do fluxo de trabalho, a adoção pelos médicos e a conformidade regulamentar. A implementação bem sucedida de tecnologias de IA requer uma infraestrutura de TI robusta capaz de lidar com dados de imagiologia médica em grande escala, recursos computacionais sofisticados e soluções seguras de armazenamento de dados. Os estabelecimentos de saúde devem investir em plataformas de hardware e software escaláveis que possam acomodar as exigências computacionais dos algoritmos de IA, garantindo simultaneamente a privacidade e a segurança dos dados.

A integração do fluxo de trabalho é outro aspeto crítico da implementação da IA no mundo real em ambientes de cuidados de saúde. As ferramentas de IA devem integrar-se sem problemas nos fluxos de trabalho clínicos existentes, sem perturbar as operações de rotina ou acrescentar encargos indevidos aos prestadores de cuidados de saúde. Interfaces fáceis de utilizar, interoperabilidade com os sistemas de registos de saúde electrónicos existentes e concepções intuitivas do fluxo de trabalho são essenciais para facilitar a aceitação e adoção das tecnologias de IA pelos clínicos. Além disso, são necessários programas de formação abrangentes e serviços de apoio contínuos para garantir que os profissionais de saúde sejam proficientes na utilização eficaz das ferramentas de IA e na interpretação exacta dos seus resultados.

A adesão e o envolvimento dos médicos são vitais para a integração bem sucedida da IA nas práticas de cuidados de saúde. As instalações de cuidados de saúde devem dar prioridade às iniciativas de envolvimento das partes interessadas, envolvendo os médicos na seleção, validação e otimização dos algoritmos de IA para responder às suas necessidades clínicas específicas e preferências de fluxo de trabalho. As parcerias de colaboração entre os prestadores de cuidados de saúde, os programadores de IA e as instituições de investigação podem facilitar os esforços de co-design, os testes iterativos e o aperfeiçoamento contínuo das soluções de IA, garantindo que estas se alinham com os objectivos clínicos e proporcionam benefícios tangíveis tanto para os doentes como para os prestadores de cuidados de saúde.

Além disso, a conformidade regulamentar é uma preocupação primordial na implementação de tecnologias de IA em ambientes de cuidados de saúde. As instalações de cuidados de saúde têm de cumprir requisitos regulamentares rigorosos, como a HIPAA (Health Insurance Portability and Accountability Act) nos Estados Unidos, o GDPR (General Data Protection Regulation) na Europa e vários regulamentos nacionais que regem a segurança e a eficácia dos dispositivos médicos. Os algoritmos de IA utilizados para fins médicos têm de ser submetidos a uma validação, verificação e testes clínicos rigorosos para demonstrar a sua segurança, eficácia e fiabilidade antes de receberem a aprovação regulamentar para utilização clínica.

Em resumo, a implementação real da IA em instalações de cuidados de saúde para a segmentação de tumores cerebrais requer uma consideração cuidadosa da infraestrutura, da integração do fluxo de trabalho, do envolvimento dos médicos e da conformidade regulamentar. Ao abordar estes desafios de forma proactiva e colaborativa, as organizações de cuidados de saúde podem aproveitar todo o potencial das tecnologias de IA para aumentar a precisão do diagnóstico, melhorar o planeamento do tratamento e otimizar os resultados dos pacientes na gestão dos tumores cerebrais.

A implementação real da IA em instalações de cuidados de saúde para a segmentação de tumores cerebrais implica enfrentar vários desafios práticos e considerações que vão para além das capacidades técnicas. Um aspeto crucial é a necessidade de uma integração perfeita com as vias e práticas clínicas existentes. Esta integração implica não só os aspectos técnicos, mas também o alinhamento dos conhecimentos gerados pela IA com os processos de tomada de decisão dos profissionais de saúde. Por conseguinte, os sistemas de IA devem ser concebidos com interfaces centradas no utilizador que facilitem a interpretação dos resultados e a incorporação nos fluxos de trabalho clínicos sem perturbar as práticas estabelecidas.

Além disso, a escalabilidade e a interoperabilidade são considerações fundamentais na implementação de soluções de IA em diversos contextos de cuidados de saúde. As instalações de cuidados de saúde variam muito em termos de dimensão, infra-estruturas e populações de doentes, necessitando de sistemas de IA adaptáveis que possam acomodar diferentes formatos de dados, modalidades de imagiologia e protocolos clínicos. As plataformas de IA escaláveis, que podem ser personalizadas e implementadas de acordo com as necessidades específicas de cada instituição de cuidados de saúde, são essenciais para garantir a adoção generalizada e a sustentabilidade das abordagens baseadas em IA para a segmentação de tumores cerebrais.

Outro aspeto crítico da implementação da IA no mundo real é a abordagem dos desafios associados à qualidade e ao enviesamento dos dados. Os conjuntos de dados de imagiologia médica utilizados para treinar algoritmos de IA podem apresentar enviesamentos inerentes devido a factores como a demografia dos doentes, protocolos de imagiologia e práticas institucionais. Por conseguinte, é essencial utilizar técnicas de pré-processamento de dados e estratégias de validação para atenuar o enviesamento e garantir que os modelos de IA se generalizam bem em diversas populações de doentes. Além disso, a monitorização e a auditoria contínuas dos sistemas de IA são necessárias para identificar e retificar quaisquer enviesamentos ou discrepâncias que possam surgir durante a implementação.

Além disso, é fundamental garantir a utilização ética e responsável da IA nos cuidados de saúde. As organizações de cuidados de saúde devem estabelecer quadros de governação claros e orientações éticas para o desenvolvimento, implementação e utilização de tecnologias de IA na prática clínica. Isto inclui a comunicação transparente com os doentes relativamente à utilização de algoritmos de IA nos seus cuidados, a obtenção de consentimento informado para decisões de diagnóstico e tratamento baseadas em IA e a salvaguarda da privacidade e confidencialidade dos doentes durante todo o ciclo de vida dos dados. Ao respeitarem as normas éticas e promoverem a transparência, as unidades de saúde podem criar confiança junto dos doentes e das partes interessadas e promover uma maior aceitação das abordagens baseadas na IA para a segmentação de tumores cerebrais.

Em conclusão, a implementação bem-sucedida no mundo real da IA nos cuidados de saúde para a segmentação de tumores cerebrais requer a abordagem de uma miríade de desafios técnicos, operacionais, éticos e regulamentares. Ao priorizar a integração perfeita, escalabilidade, qualidade de dados, mitigação de viés e considerações éticas, as organizações de saúde podem maximizar a utilidade clínica e o impacto das soluções orientadas por IA, mantendo a segurança, privacidade e confiança do paciente. Os esforços de colaboração entre clínicos, investigadores, parceiros da indústria e organismos reguladores são essenciais para ultrapassar estes desafios e concretizar todo o potencial da IA na melhoria do diagnóstico e tratamento de tumores cerebrais.

5.3 Estudos de casos de sucesso na segmentação de tumores cerebrais

1. Precisão de diagnóstico melhorada: Vários estudos de caso destacam a forma como a segmentação de tumores cerebrais baseada em IA melhorou significativamente a precisão do diagnóstico. Ao tirar partido de algoritmos avançados e técnicas de aprendizagem profunda, os médicos podem delinear com precisão os limites do tumor em relação aos tecidos saudáveis circundantes. Por exemplo, um estudo realizado por *investigadores* numa instituição médica de renome demonstrou um aumento substancial da sensibilidade e da especificidade da deteção de tumores utilizando ferramentas de segmentação baseadas em IA. Estas melhorias de precisão são fundamentais para o diagnóstico precoce e o planeamento do tratamento.

2. Planeamento de tratamento personalizado: A segmentação de tumores cerebrais baseada em IA facilita o planeamento personalizado do tratamento, fornecendo informações detalhadas sobre as características do tumor e a sua distribuição espacial. Os estudos de caso ilustram frequentemente a forma como os médicos utilizam imagens segmentadas para adaptar as estratégias de tratamento de acordo com as necessidades específicas de cada paciente. Ao delinear com precisão os volumes do tumor e identificar estruturas críticas, como regiões cerebrais eloquentes ou vasos sanguíneos, a segmentação baseada em IA permite a aplicação precisa de radioterapia ou intervenções cirúrgicas, minimizando os danos nos tecidos saudáveis.

3. Análise quantitativa e avaliação de prognóstico: A segmentação com recurso a IA permite a análise quantitativa das características do tumor, como o volume, a forma e a textura, que são fundamentais na avaliação do prognóstico e na monitorização do

tratamento. Os estudos de caso demonstram frequentemente como as métricas quantitativas derivadas de imagens segmentadas, como as alterações do volume do tumor ao longo do tempo ou a análise da textura para prever a resposta ao tratamento, contribuem para decisões clínicas mais informadas. Além disso, os algoritmos de aprendizagem automática podem identificar biomarcadores de imagem associados à agressividade do tumor ou à resistência ao tratamento, fornecendo informações prognósticas valiosas.

4. Integração no fluxo de trabalho clínico: Os estudos de caso bem-sucedidos enfatizam a integração perfeita de ferramentas de segmentação de tumores baseadas em IA no fluxo de trabalho clínico. Estes estudos mostram interfaces fáceis de utilizar e interoperabilidade com os sistemas de imagiologia médica existentes, garantindo a acessibilidade e a adoção pelos profissionais de saúde. Além disso, a automatização eficiente das tarefas de segmentação reduz a carga dos radiologistas e aumenta a produtividade, permitindo-lhes concentrarem-se nas tarefas de interpretação e planeamento do tratamento que exigem conhecimentos humanos.

5. Validação e utilidade clínica: Por último, os estudos de casos sublinham a validação e a utilidade clínica da segmentação de tumores cerebrais baseada em IA através de uma avaliação rigorosa e da comparação com métodos de referência. Estes estudos envolvem frequentemente análises retrospectivas em grande escala ou ensaios prospectivos que envolvem diversas coortes de doentes para avaliar a generalização e a robustez dos algoritmos de segmentação em diferentes modalidades de imagiologia e cenários clínicos. As métricas de validação, tais como o coeficiente de semelhança de Dice, a sensibilidade, a especificidade e a concordância interobservadores, são normalmente comunicadas para validar a precisão e a fiabilidade dos resultados da segmentação.

Eis outros estudos de caso que mostram aplicações bem sucedidas da IA na segmentação de tumores cerebrais:

1. Colaboração multicêntrica para validação em grande escala: Um estudo colaborativo que envolve vários centros médicos tem como objetivo validar algoritmos de segmentação de tumores cerebrais baseados em IA numa população diversificada. Ao reunir dados de diferentes instituições, os investigadores podem avaliar o desempenho do algoritmo em várias modalidades de imagiologia, tipos de tumores e dados demográficos dos doentes. Esta validação em larga escala fornece provas sólidas da eficácia e generalização do algoritmo, promovendo a confiança entre os médicos na adoção de ferramentas de segmentação baseadas em IA.

2. Segmentação em tempo real para orientação intra-operatória: A ressonância magnética intra-operatória (iMRI) desempenha um papel crucial na cirurgia de tumores cerebrais, permitindo que os cirurgiões visualizem os limites do tumor durante o procedimento. Os algoritmos de segmentação orientados por IA integrados nos sistemas de iMRI permitem o delineamento do tumor em tempo real, fornecendo aos cirurgiões

um feedback imediato sobre a localização e a extensão do tumor. Os estudos de caso demonstram como esta orientação em tempo real aumenta a precisão cirúrgica, reduz o risco de ressecção incompleta e minimiza os danos no tecido cerebral saudável, melhorando, em última análise, os resultados dos doentes.

3. Monitorização longitudinal da resposta ao tratamento: A monitorização longitudinal da resposta ao tratamento é essencial para avaliar a eficácia das terapias e ajustar os planos de tratamento em conformidade. A segmentação baseada em IA facilita o acompanhamento automático da progressão ou regressão do tumor ao longo do tempo, permitindo aos médicos avaliar objetivamente a resposta ao tratamento. Estudos de casos que acompanham doentes submetidos a quimioterapia ou radioterapia demonstram como as ferramentas de segmentação baseadas em IA podem detetar alterações subtis no tamanho e morfologia do tumor, permitindo ajustes atempados nas estratégias de tratamento e melhorando a gestão dos doentes.

4. Integração com técnicas avançadas de imagiologia: As técnicas de imagiologia emergentes, como a RM de perfusão, a imagiologia de tensor de difusão (DTI) e a espetroscopia, oferecem informações valiosas sobre a biologia do tumor e as alterações microestruturais. Os algoritmos de segmentação alimentados por IA podem aproveitar estas modalidades avançadas de imagiologia para extrair características quantitativas adicionais para uma caraterização abrangente do tumor. Estudos de casos que demonstram a integração da IA com técnicas de imagiologia avançadas demonstram uma maior precisão de diagnóstico, um planeamento de tratamento refinado e uma melhor avaliação do prognóstico em doentes com tumores cerebrais.

5. Ambientes com recursos limitados e telemedicina: Em ambientes com recursos limitados ou em áreas remotas onde o acesso a instalações de cuidados de saúde especializados é limitado, a segmentação baseada em IA é promissora para alargar as capacidades de diagnóstico e tratamento. Estudos de caso centrados em iniciativas de telemedicina demonstram como os dispositivos de imagiologia portáteis combinados com algoritmos de segmentação baseados em IA permitem a avaliação remota de tumores cerebrais por radiologistas especializados. Esta abordagem facilita a triagem atempada dos doentes, o encaminhamento rápido e as consultas à distância, garantindo um acesso equitativo a serviços de saúde de qualidade, independentemente da localização geográfica.

Estes estudos de caso ilustram as diversas aplicações e benefícios da segmentação de tumores cerebrais orientada por IA em vários cenários clínicos, desde esforços de validação em grande escala até à orientação intraoperatória em tempo real, monitorização longitudinal do tratamento, integração com técnicas de imagiologia avançadas e iniciativas de telemedicina. Ao aproveitarem o poder da IA, os médicos podem aumentar a precisão do diagnóstico, otimizar as estratégias de tratamento e melhorar os resultados dos doentes na gestão dos tumores cerebrais.

Em conclusão, os estudos de caso de segmentação bem-sucedida de tumores cerebrais usando IA destacam o seu potencial transformador na melhoria da precisão do diagnóstico, facilitando o planeamento personalizado do tratamento, permitindo a análise quantitativa para avaliação prognóstica, integrando-se perfeitamente em fluxos de trabalho clínicos e demonstrando validade e utilidade clínica. Estes estudos abrem caminho para a adoção generalizada de ferramentas de segmentação baseadas em IA na prática da neuro-oncologia, conduzindo, em última análise, a melhores resultados para os doentes e a uma melhor prestação de cuidados de saúde.

Conclusão:

Em conclusão, os estudos de caso apresentados neste capítulo sublinham o impacto transformador da segmentação de tumores cerebrais baseada em IA na prática clínica. Desde estudos de validação em larga escala até à orientação intra-operatória em tempo real, monitorização longitudinal do tratamento, integração com técnicas de imagiologia avançadas e iniciativas de telemedicina, estes estudos de caso destacam a versatilidade e eficácia das ferramentas de segmentação baseadas em IA em diversos contextos clínicos.

A implementação bem-sucedida da IA na segmentação de tumores cerebrais aumentou significativamente a precisão do diagnóstico, o planeamento do tratamento e a gestão dos doentes. Ao automatizar tarefas morosas, como o delineamento do tumor e a avaliação da resposta, os algoritmos de segmentação orientados por IA simplificam os processos de fluxo de trabalho, permitindo que os clínicos se concentrem mais nos cuidados ao doente e na tomada de decisões.

Além disso, a segmentação baseada em IA facilita a extração de biomarcadores quantitativos de imagem, fornecendo informações valiosas sobre a biologia do tumor, a resposta ao tratamento e a avaliação do prognóstico. Isto permite abordagens de tratamento personalizadas adaptadas às características individuais dos doentes, melhorando, em última análise, os resultados terapêuticos e a qualidade de vida.

Além disso, a integração da IA com técnicas de imagiologia avançadas melhora as capacidades de diagnóstico, permitindo uma caraterização abrangente do tumor e um planeamento de tratamento refinado. Ao tirar partido das informações complementares fornecidas por estas modalidades de imagiologia, os médicos podem tomar decisões mais informadas, conduzindo a um tratamento mais eficaz dos doentes.

Em ambientes com recursos limitados e em áreas remotas, a segmentação baseada em IA oferece uma solução para ultrapassar as barreiras ao acesso a serviços de saúde especializados. Através de iniciativas de telemedicina e dispositivos de imagiologia portáteis, a segmentação baseada em IA permite a avaliação e consulta remotas, garantindo um acesso equitativo a cuidados de saúde de qualidade, independentemente da localização geográfica.

De um modo geral, os estudos de caso apresentados neste capítulo demonstram o papel significativo da IA no avanço do campo da segmentação de tumores cerebrais, revolucionando a prática clínica e melhorando os resultados dos doentes. À medida que a IA continua a evoluir, a sua integração nos fluxos de trabalho dos cuidados de saúde é promissora para uma maior inovação e otimização das estratégias de diagnóstico e terapêuticas na gestão dos tumores cerebrais.

Capítulo 6. Desafios e considerações éticas

Introdução:

O capítulo intitulado "Challenges and Ethical Considerations" (Desafios e considerações éticas) analisa o complexo panorama de dilemas éticos e desafios práticos que rodeiam a integração da inteligência artificial (IA) na imagiologia médica. À medida que as tecnologias de IA continuam a avançar e a permear vários aspectos dos cuidados de saúde, é imperativo examinar criticamente as implicações éticas e os obstáculos práticos encontrados na implementação de soluções orientadas para a IA. Este capítulo aborda os principais desafios e considerações éticas, lançando luz sobre questões críticas como a privacidade e a segurança dos dados, a parcialidade e a justiça nos algoritmos de IA e a conformidade e normas regulamentares.

Para começar, o capítulo aborda a preocupação primordial da privacidade e segurança dos dados na imagiologia médica. Com a crescente digitalização dos dados de cuidados de saúde e a proliferação de tecnologias de imagiologia baseadas em IA, a proteção da privacidade dos doentes e a garantia da segurança de informações médicas sensíveis tornaram-se fundamentais. A introdução destaca a importância de medidas robustas de proteção de dados, incluindo encriptação, técnicas de anonimização e práticas seguras de armazenamento de dados, para mitigar o risco de acesso não autorizado, violações de dados e violações de privacidade.

Além disso, o capítulo aborda a questão matizada do enviesamento e da equidade nos algoritmos de IA, particularmente no contexto da imagiologia médica. Como os algoritmos de IA dependem fortemente de dados de treino para aprender padrões e fazer previsões, são susceptíveis de herdar enviesamentos presentes nos dados subjacentes, o que pode perpetuar disparidades e desigualdades na prestação de cuidados de saúde. A introdução sublinha a necessidade de protocolos rigorosos de validação e teste para identificar e mitigar os enviesamentos algorítmicos, bem como a importância de promover a diversidade e a inclusão na recolha de conjuntos de dados e no desenvolvimento de modelos para garantir resultados justos e equitativos para todas as populações de doentes.

Além disso, o capítulo explora o cenário complexo da conformidade regulamentar e das normas que regem a utilização da IA na imagiologia médica. Num ambiente de cuidados de saúde cada vez mais regulamentado, as soluções de imagiologia baseadas em IA têm de aderir a estruturas regulamentares rigorosas, directrizes de garantia de qualidade e normas da indústria para garantir a segurança, eficácia e interoperabilidade dos pacientes. A introdução descreve o cenário regulatório diversificado, incluindo estruturas como o processo de aprovação pré-comercialização da FDA, o Regulamento de Dispositivos Médicos da União Europeia (MDR) e vários órgãos de padrões internacionais, ressaltando a importância de navegar pelas complexidades regulatórias para facilitar a implantação responsável de tecnologias de IA na prática clínica.

Em resumo, a introdução prepara o terreno para uma exploração abrangente dos desafios e considerações éticas inerentes à integração da IA na imagiologia médica. Ao destacar as questões críticas de privacidade e segurança dos dados, parcialidade e justiça nos algoritmos de IA, e conformidade e normas regulamentares, o capítulo visa promover uma compreensão mais profunda do panorama multifacetado de desafios éticos e práticos que a adoção de soluções baseadas em IA enfrenta no domínio da imagiologia médica.

6.1 Privacidade e segurança dos dados na imagiologia médica:

A privacidade e a segurança dos dados na imagiologia médica representam considerações críticas no panorama cada vez mais digitalizado dos cuidados de saúde. À medida que as tecnologias de imagiologia médica evoluem e se tornam mais interligadas, garantir a confidencialidade, integridade e disponibilidade dos dados dos doentes é fundamental para manter a confiança, salvaguardar os direitos dos doentes e cumprir os requisitos regulamentares.

Uma das principais preocupações em matéria de privacidade e segurança dos dados é a proteção das informações de saúde dos doentes (PHI) contidas nas imagens médicas. As PHI incluem dados sensíveis, como dados demográficos dos pacientes, historial médico, imagens de diagnóstico e planos de tratamento, que devem ser protegidos contra acesso não autorizado, divulgação ou adulteração. Para responder a esta preocupação, as organizações de cuidados de saúde utilizam uma variedade de salvaguardas técnicas e administrativas, incluindo encriptação, controlos de acesso, mecanismos de autenticação e pistas de auditoria, para proteger as PHI de divulgação ou alteração não autorizadas.

Além disso, a proliferação de dispositivos médicos e sistemas de imagiologia interligados introduz desafios de segurança adicionais, uma vez que estes dispositivos podem ser vulneráveis a ciberataques, infecções por malware ou acesso não autorizado. As vulnerabilidades nos equipamentos de imagiologia médica podem comprometer a integridade dos dados dos doentes ou expor informações médicas sensíveis a agentes maliciosos. Os prestadores de cuidados de saúde têm de implementar medidas robustas de cibersegurança, como a segmentação da rede, sistemas de deteção de intrusões e avaliações de segurança regulares, para reduzir o risco de ameaças à cibersegurança e salvaguardar os dados dos doentes.

Para além das ameaças externas, as organizações de cuidados de saúde devem também abordar os riscos internos relacionados com a privacidade e a segurança dos dados. As ameaças internas, incluindo erros não intencionais, negligência ou acções maliciosas por parte dos funcionários, representam uma preocupação significativa nos contextos de cuidados de saúde. Os funcionários com acesso a dados sensíveis de pacientes devem ser submetidos a uma formação rigorosa sobre políticas de privacidade de dados, melhores práticas de segurança e requisitos de conformidade para evitar acessos não autorizados, violações de dados ou fugas inadvertidas de dados.

Além disso, a crescente adoção de soluções de armazenamento e partilha de dados baseadas na nuvem na imagiologia médica introduz considerações únicas de privacidade e segurança. Embora as plataformas baseadas na nuvem ofereçam escalabilidade, acessibilidade e capacidades de colaboração, também apresentam riscos relacionados com a residência de dados, a conformidade e as práticas de tratamento de dados de terceiros. As organizações de cuidados de saúde devem avaliar cuidadosamente a postura de segurança dos fornecedores de serviços na nuvem, os métodos de encriptação de dados, as certificações de conformidade e os protocolos de resposta a violações de dados para garantir a confidencialidade e a integridade dos dados de imagiologia médica armazenados ou processados na nuvem.

Em conclusão, a privacidade e a segurança dos dados na imagiologia médica são desafios multifacetados que exigem medidas proactivas, tecnologias robustas e políticas abrangentes para reduzir os riscos e salvaguardar as informações dos pacientes. Através da implementação de controlos de segurança rigorosos, da realização de avaliações de risco regulares e da promoção de uma cultura de sensibilização para a privacidade e segurança dos dados, as organizações de cuidados de saúde podem manter a confiança dos pacientes, cumprir os requisitos regulamentares e proteger os dados de imagiologia médica sensíveis contra o acesso, divulgação ou manipulação não autorizados.

6.2 Preconceito e equidade nos algoritmos de IA

O enviesamento e a equidade nos algoritmos de IA surgiram como preocupações críticas nos cuidados de saúde, particularmente no contexto da imagiologia médica e das aplicações de diagnóstico. Os algoritmos de IA treinados em conjuntos de dados tendenciosos ou não representativos podem perpetuar as disparidades, exacerbar as desigualdades existentes e comprometer os resultados dos cuidados de saúde prestados aos doentes. Por conseguinte, garantir a justiça e a imparcialidade dos algoritmos de IA é essencial para promover a equidade, mitigar o enviesamento e defender os padrões éticos nos cuidados de saúde.

Um dos principais desafios na abordagem do enviesamento nos algoritmos de IA é o enviesamento inerente presente nos conjuntos de dados utilizados para a formação. Os conjuntos de dados de imagiologia médica podem apresentar enviesamentos relacionados com factores como a demografia, as populações de doentes, os protocolos de imagiologia e as práticas clínicas. Por exemplo, os conjuntos de dados que incluem predominantemente imagens de determinados grupos demográficos ou instituições de cuidados de saúde podem não representar com exatidão a diversidade das populações de doentes, conduzindo a previsões algorítmicas enviesadas ou a erros de diagnóstico.

Para atenuar o enviesamento do conjunto de dados, as organizações de cuidados de saúde devem dar prioridade a estratégias de recolha de dados que garantam a diversidade, representatividade e inclusão. Isto pode implicar a recolha de dados de uma vasta gama de populações de doentes, instalações de cuidados de saúde e regiões geográficas para captar variações demográficas, prevalência de doenças e características de imagiologia. Além disso, as técnicas de pré-processamento de dados, como o aumento, a estratificação e o equilíbrio dos dados, podem ajudar a atenuar o enviesamento, garantindo que os algoritmos de IA são treinados num conjunto de dados mais diversificado e equilibrado.

Além disso, os prestadores de cuidados de saúde devem avaliar rigorosamente os algoritmos de IA quanto à sua justiça e equidade em diferentes grupos demográficos, contextos clínicos e apresentações de doenças. As métricas de equidade, como a paridade demográfica, as probabilidades igualadas e a análise de impacto díspar, podem ajudar a avaliar o enviesamento algorítmico e a identificar disparidades no desempenho algorítmico. Ao analisarem sistematicamente os resultados algorítmicos e as métricas de desempenho em diversas subpopulações, as organizações de cuidados de saúde podem identificar e abordar os enviesamentos que podem afetar desproporcionadamente determinados grupos de doentes.
Para além do enviesamento do conjunto de dados, o enviesamento algorítmico pode também resultar de limitações inerentes à conceção do algoritmo, à seleção de características ou aos processos de formação do modelo. Os enviesamentos codificados em regras de decisão algorítmicas ou aprendidos a partir de dados de treino podem resultar em resultados discriminatórios, taxas de erro diferenciadas ou disparidades na precisão do diagnóstico. Por conseguinte, as organizações de cuidados de saúde devem implementar técnicas de IA conscientes da equidade, tais como restrições de equidade, algoritmos de atenuação de preconceitos e abordagens de formação contraditórias para atenuar os preconceitos algorítmicos e promover a prestação de cuidados de saúde equitativos.

Além disso, a transparência e a responsabilidade são princípios essenciais para lidar com o enviesamento e a equidade nos algoritmos de IA. Os prestadores de cuidados de saúde devem adotar práticas de desenvolvimento de IA transparentes, incluindo a documentação de fontes de conjuntos de dados, metodologias algorítmicas e procedimentos de validação. Além disso, o estabelecimento de estruturas de governação, mecanismos de supervisão e conselhos de revisão interdisciplinares podem ajudar a garantir a responsabilização e a promover práticas éticas de IA nos cuidados de saúde.

Em conclusão, abordar o enviesamento e promover a justiça nos algoritmos de IA é imperativo para aumentar a fiabilidade, equidade e fiabilidade das aplicações de cuidados de saúde baseadas em IA. Ao dar prioridade à diversidade na recolha de conjuntos de dados, ao avaliar rigorosamente a justiça algorítmica, ao implementar estratégias de mitigação de enviesamento e ao promover a transparência e a responsabilização, as organizações de cuidados de saúde podem mitigar o enviesamento, promover a justiça e defender os padrões éticos nos sistemas de diagnóstico e imagiologia médica orientados para a IA.

6.3 Conformidade e normas regulamentares

Garantir a conformidade regulamentar e aderir às normas estabelecidas é fundamental no desenvolvimento, implementação e utilização de sistemas de diagnóstico e imagiologia médica orientados para a IA. As estruturas e normas regulamentares desempenham um papel crucial na salvaguarda da segurança e privacidade dos pacientes e na utilização ética das tecnologias de IA nos cuidados de saúde. Por conseguinte, as organizações de cuidados de saúde devem navegar em cenários regulamentares complexos, cumprir as leis e regulamentos relevantes e aderir às normas do sector para garantir a implementação responsável e ética da IA na imagiologia médica.

Uma das principais considerações regulamentares na IA dos cuidados de saúde é a privacidade e a segurança dos dados. Os dados de saúde, particularmente imagens médicas e registos de pacientes, são altamente sensíveis e estão sujeitos a regulamentos de privacidade rigorosos, como a Lei de Portabilidade e Responsabilidade dos Seguros de Saúde (HIPAA) nos Estados Unidos e o Regulamento Geral de Proteção de Dados (GDPR) na União Europeia. As organizações de cuidados de saúde devem implementar medidas robustas de proteção de dados, protocolos seguros de armazenamento e transmissão de dados e aderir aos requisitos de consentimento do paciente para salvaguardar a privacidade do paciente e cumprir os mandatos regulamentares.

Além disso, os sistemas de IA para os cuidados de saúde devem ser submetidos a rigorosos processos de validação, verificação e aprovação regulamentar antes da implementação clínica. As autoridades reguladoras, como a Food and Drug Administration (FDA) nos Estados Unidos e a European Medicines Agency (EMA) na União Europeia, exigem que os dispositivos médicos e aplicativos de software baseados em IA demonstrem segurança, eficácia e utilidade clínica por meio de processos de liberação ou aprovação pré-comercialização. As organizações de cuidados de saúde têm de realizar avaliações de risco, avaliações clínicas e validações de desempenho exaustivas para obterem autorização ou aprovação regulamentar para as suas soluções de imagiologia médica baseadas em IA.

Além disso, as normas e directrizes emitidas por organizações como a Organização Internacional de Normalização (ISO), o Colégio Americano de Radiologia (ACR) e a Sociedade Radiológica da América do Norte (RSNA) fornecem orientações valiosas sobre as melhores práticas, protocolos de garantia de qualidade e métricas de desempenho para sistemas de imagiologia médica e de IA de diagnóstico. A adesão a estas normas ajuda a garantir a fiabilidade, a interoperabilidade e a qualidade das soluções de cuidados de saúde orientadas para a IA, melhorando assim os resultados dos cuidados aos doentes e promovendo a confiança entre médicos e doentes.

Além disso, as organizações de cuidados de saúde têm de abordar considerações éticas, como a transparência algorítmica, a responsabilidade e a justiça nos sistemas de diagnóstico e imagiologia médica orientados para a IA. As directrizes éticas, como as Directrizes Éticas para uma IA de Confiança emitidas pela Comissão Europeia e os Princípios para uma IA Ética desenvolvidos por sociedades profissionais e consórcios da indústria, fornecem estruturas para o desenvolvimento e implementação responsáveis da IA. Ao alinharem-se com os princípios éticos e promoverem a transparência, a responsabilidade e a justiça, as organizações de cuidados de saúde podem mitigar os riscos éticos, criar confiança e fomentar a confiança do público nas tecnologias de imagiologia médica baseadas em IA.

Em conclusão, a conformidade regulamentar e a adesão às normas são aspectos críticos da implementação da IA na imagiologia médica e no diagnóstico. Ao navegar pelos requisitos regulamentares, aderir aos padrões da indústria e abordar considerações éticas, as organizações de saúde podem garantir o uso responsável e ético da IA na imagiologia médica, salvaguardar a privacidade e a segurança do paciente e melhorar a qualidade e a eficiência da prestação de cuidados de saúde.

Conclusão

Em conclusão, o capítulo sobre "Desafios e Considerações Éticas" sublinha a importância crítica de abordar as principais questões relacionadas com a privacidade dos dados, o preconceito, a conformidade regulamentar e as implicações éticas na implementação de sistemas de diagnóstico e imagiologia médica orientados para a IA. As organizações de saúde devem priorizar a privacidade e a segurança do paciente, implementando medidas robustas de proteção de dados e cumprindo mandatos regulamentares rigorosos, como HIPAA e GDPR. Além disso, a adesão aos padrões e diretrizes do setor, juntamente com processos rigorosos de validação e aprovação, é essencial para garantir a segurança, a eficácia e a utilidade clínica das soluções de imagens médicas baseadas em IA.

Para além disso, as organizações de cuidados de saúde devem ter em conta considerações éticas como a transparência algorítmica, a justiça e a responsabilidade para promover a confiança entre médicos e pacientes. Ao alinharem-se com os princípios éticos e promoverem a transparência no desenvolvimento e implementação da IA, as organizações de cuidados de saúde podem mitigar os riscos éticos e garantir a utilização responsável e ética da IA na imagiologia médica. Em última análise, ao abordar estes desafios e considerações éticas, as organizações de cuidados de saúde podem aproveitar o potencial transformador da IA para melhorar os resultados dos cuidados aos doentes, melhorar a precisão dos diagnósticos e impulsionar a inovação na imagiologia e diagnóstico médicos.

Capítulo 7. Direcções futuras e inovações

Introdução:

O capítulo "Future Directions and Innovations" (Direcções futuras e inovações) analisa o panorama em evolução da medicina de precisão e o papel transformador da inteligência artificial (IA) na definição do seu futuro. À medida que a medicina de precisão continua a ganhar ímpeto, a IA surge como uma ferramenta poderosa para revolucionar a prestação de cuidados de saúde e melhorar os resultados dos doentes. Este capítulo explora os últimos avanços e as tendências emergentes na medicina de precisão orientada para a IA, oferecendo informações sobre a forma como estas tecnologias estão a remodelar o panorama dos cuidados de saúde.

Em primeiro lugar, o capítulo examina as tendências emergentes em IA para a medicina de precisão, destacando os principais desenvolvimentos em aprendizagem automática, aprendizagem profunda e outras técnicas de IA. Da análise preditiva à sequenciação genómica, a IA está a impulsionar a inovação em vários aspectos da medicina de precisão, permitindo abordagens mais personalizadas e direccionadas ao diagnóstico, tratamento e prevenção. Ao tirar partido de grandes quantidades de dados de doentes e de informações moleculares, os algoritmos de IA podem revelar padrões ocultos, identificar biomarcadores e otimizar estratégias de tratamento adaptadas às necessidades individuais dos doentes.

Além disso, o capítulo explora o potencial impacto da IA nos cuidados e resultados dos doentes. Com modelos preditivos e sistemas de apoio à decisão alimentados por IA, os prestadores de cuidados de saúde podem melhorar a precisão do diagnóstico, otimizar os planos de tratamento e prever a progressão da doença com maior precisão. Ao tirar partido das capacidades preditivas da IA, as organizações de cuidados de saúde podem identificar doentes de alto risco, intervir precocemente e prestar cuidados proactivos e personalizados que conduzam a melhores resultados clínicos e a melhores experiências para os doentes.

Além disso, o capítulo analisa as oportunidades de investigação e colaboração adicionais no domínio da medicina de precisão orientada para a IA. À medida que as tecnologias de IA continuam a evoluir, há uma necessidade crescente de colaboração interdisciplinar entre clínicos, investigadores, cientistas de dados e partes interessadas da indústria. Ao promover parcerias e partilhar conhecimentos, as organizações de cuidados de saúde podem acelerar o desenvolvimento e a adoção de soluções de IA, abordar os principais desafios e desbloquear novas oportunidades de inovação na medicina de precisão.

De um modo geral, este capítulo serve de roteiro para navegar no futuro da medicina de precisão na era da IA, destacando o potencial transformador destas tecnologias e as oportunidades que apresentam para fazer avançar a prestação de cuidados de saúde, melhorar os resultados dos doentes e impulsionar a inovação na medicina de precisão.

7.1 Tendências emergentes na IA para a medicina de precisão

A inteligência artificial (IA) está a revolucionar a medicina de precisão, oferecendo soluções inovadoras para analisar dados biomédicos complexos e adaptar os tratamentos a cada doente.
Várias tendências emergentes na IA estão a remodelar o panorama da medicina de precisão, facilitando os avanços no diagnóstico, na terapêutica e na prestação de cuidados de saúde personalizados.

Uma das tendências proeminentes na IA para a medicina de precisão é a integração da análise de dados multiómicos. Com o advento das tecnologias de alto rendimento, os investigadores podem agora gerar grandes quantidades de dados que englobam a genómica, a transcriptómica, a proteómica e a metabolómica. Os algoritmos de IA, como a aprendizagem profunda e as redes neuronais, permitem a integração e a análise destes diversos conjuntos de dados para desvendar mecanismos complexos de doenças, identificar biomarcadores e prever respostas a tratamentos com maior precisão.

Outra tendência fundamental é o desenvolvimento de modelos preditivos baseados em IA para a avaliação do risco de doença e a deteção precoce. Ao tirar partido dos registos de saúde electrónicos (RSE), dos dados genómicos e de outros parâmetros clínicos, os algoritmos de IA podem identificar indivíduos com elevado risco de desenvolver determinadas doenças, permitindo intervenções proactivas e medidas preventivas. Além disso, as ferramentas de diagnóstico baseadas na IA, como os algoritmos de análise de imagem e as técnicas de reconhecimento de padrões, aumentam a sensibilidade e a especificidade da deteção de doenças, conduzindo a diagnósticos mais precoces e a melhores resultados para os doentes.

Além disso, a descoberta e o desenvolvimento de medicamentos com base na IA estão a revolucionar a medicina de precisão, acelerando a identificação de novos alvos terapêuticos e a otimização de candidatos a medicamentos. Os algoritmos de aprendizagem automática analisam conjuntos de dados biológicos e químicos em grande escala para prever interacções fármaco-alvo, otimizar compostos principais e conceber regimes de tratamento mais eficazes. Além disso, as plataformas de rastreio virtual orientadas para a IA facilitam a reorientação de medicamentos existentes para novas indicações, acelerando assim o processo de descoberta de medicamentos e reduzindo os custos.

Para além do diagnóstico e da terapêutica, a IA está a desempenhar um papel crucial na facilitação da oncologia de precisão através da identificação de biomarcadores preditivos e da personalização dos tratamentos contra o cancro. Ao analisar a genómica, a transcriptómica e outros perfis moleculares dos tumores, os algoritmos de IA podem estratificar os doentes com cancro em subgrupos com base nas suas assinaturas moleculares, permitindo terapias específicas adaptadas às características individuais dos tumores. Além disso, os sistemas de apoio à decisão baseados em IA ajudam os oncologistas a selecionar as estratégias de tratamento mais adequadas, a otimizar a dosagem dos medicamentos e a prever a resposta dos doentes à terapêutica.

De um modo geral, as tendências emergentes da IA para a medicina de precisão são extremamente promissoras para revolucionar a prestação de cuidados de saúde e melhorar os resultados dos doentes. Ao aproveitar o poder da IA para analisar grandes quantidades de dados biomédicos, identificar informações accionáveis e adaptar os tratamentos a pacientes individuais, a medicina de precisão está preparada para transformar o futuro dos cuidados de saúde, dando início a uma era de medicina personalizada e orientada por dados.

7.2 Impacto potencial nos cuidados e resultados dos doentes

A integração da inteligência artificial (IA) na medicina de precisão tem o potencial de afetar significativamente os cuidados e os resultados dos doentes, revolucionando vários aspectos da prestação de cuidados de saúde. Desde o diagnóstico e a seleção do tratamento até à monitorização do doente e à previsão dos resultados, as abordagens baseadas na IA estão preparadas para melhorar a qualidade, a eficiência e a eficácia dos cuidados prestados aos doentes em diversas especialidades médicas.

Uma das principais áreas em que se espera que a IA tenha um impacto significativo é a precisão e a rapidez do diagnóstico. Os algoritmos de IA, em particular os que utilizam técnicas de aprendizagem profunda e de reconhecimento de imagem, podem analisar imagens médicas, como exames de ressonância magnética, tomografias computorizadas e lâminas patológicas, com uma precisão e eficiência notáveis. Ao automatizar o processo de interpretação de imagens e ao assinalar anomalias, os sistemas de IA podem ajudar os radiologistas e patologistas a detetar doenças em fases mais precoces, reduzindo os erros de diagnóstico e facilitando intervenções atempadas.

Além disso, os sistemas de apoio à decisão baseados em IA têm o potencial de otimizar a seleção do tratamento e personalizar os regimes terapêuticos com base nas características individuais dos doentes. Ao analisar os dados dos doentes, incluindo a informação genética, o historial médico e as respostas ao tratamento, os algoritmos de IA podem identificar as melhores opções de tratamento adaptadas ao perfil único de cada doente. Esta abordagem personalizada à seleção do tratamento não só melhora os resultados dos doentes, como também minimiza o risco de reacções adversas e complicações relacionadas com o tratamento.

Além disso, as ferramentas de análise preditiva com recurso à IA podem ajudar os prestadores de cuidados de saúde a antecipar os resultados dos doentes e a gerir proactivamente a progressão da doença. Ao analisarem os dados longitudinais dos doentes e ao identificarem padrões indicativos de exacerbações ou complicações da doença, os algoritmos de IA podem alertar os prestadores de cuidados de saúde para intervirem precocemente, optimizarem os planos de tratamento e evitarem acontecimentos adversos. Esta abordagem proactiva aos cuidados dos doentes não só melhora os resultados clínicos, como também reduz os custos dos cuidados de saúde associados às readmissões hospitalares e às idas às urgências.

Para além de melhorar a precisão do diagnóstico e a seleção do tratamento, a IA tem o potencial de melhorar o envolvimento dos doentes e a adesão aos regimes de tratamento. Através do desenvolvimento de assistentes virtuais de saúde orientados para a IA e de plataformas personalizadas de coaching de saúde, os doentes podem receber recomendações personalizadas, lembretes de medicação e intervenções no estilo de vida para apoiar o seu percurso de tratamento. Ao capacitar os doentes com informações accionáveis e apoio personalizado, as intervenções baseadas em IA podem promover uma maior autonomia dos doentes, melhorar a adesão ao tratamento e, em última análise, melhorar os resultados de saúde a longo prazo.

De um modo geral, o potencial impacto da IA nos cuidados e resultados dos doentes é vasto e multifacetado. Ao tirar partido das abordagens baseadas na IA para melhorar a precisão dos diagnósticos, personalizar os regimes de tratamento, prever os resultados dos doentes e capacitar os doentes com apoio personalizado, os prestadores de cuidados de saúde podem prestar cuidados mais eficazes, eficientes e centrados no doente, conduzindo, em última análise, a melhores resultados em termos de saúde e a uma melhor qualidade de vida para os doentes.

7.3 Oportunidades para mais investigação e colaboração

À medida que a inteligência artificial (IA) continua a avançar, as oportunidades para mais investigação e colaboração no domínio da medicina de precisão estão a expandir-se, abrindo caminho a abordagens inovadoras à prestação de cuidados de saúde e à gestão dos doentes. Estas oportunidades abrangem uma vasta gama de áreas, desde o aperfeiçoamento dos algoritmos de IA existentes até à exploração de novas aplicações da IA na medicina de precisão e à promoção de colaborações interdisciplinares para acelerar os progressos neste domínio.

Uma área que merece mais investigação é o desenvolvimento de algoritmos de IA adaptados a especialidades médicas e áreas de doença específicas no âmbito da medicina de precisão. Embora a IA se tenha revelado promissora em vários domínios, incluindo a análise de imagens médicas, a genómica e o apoio à decisão clínica, continua a haver necessidade de algoritmos especializados que possam dar resposta aos desafios e requisitos únicos de diferentes disciplinas médicas. Ao aperfeiçoar os algoritmos existentes e ao desenvolver novos algoritmos adaptados a contextos clínicos específicos, os investigadores podem melhorar a precisão, a fiabilidade e a utilidade clínica das ferramentas baseadas em IA na medicina de precisão.

Além disso, há uma necessidade crescente de investigação centrada na integração da IA na prática clínica sem problemas. Isto inclui o desenvolvimento de interfaces de fácil utilização e de sistemas de apoio à decisão que possam ser facilmente integrados nos sistemas de registos de saúde electrónicos (RSE) e nos fluxos de trabalho clínicos existentes. Ao conceber ferramentas de IA tendo em conta as necessidades e preferências dos médicos, os investigadores podem assegurar a adoção e aceitação generalizadas destas tecnologias em contextos reais de cuidados de saúde, maximizando, em última análise, o seu impacto nos cuidados e resultados dos doentes.

Outra área de oportunidade reside no aproveitamento da IA para abordar as disparidades nos cuidados de saúde e melhorar o acesso à medicina de precisão para as populações carenciadas. Ao desenvolver ferramentas orientadas para a IA que podem analisar diversas populações de doentes e ter em conta factores como o estatuto socioeconómico, o contexto cultural e a localização geográfica, os investigadores podem garantir que as abordagens da medicina de precisão são equitativas e inclusivas. A colaboração com organizações comunitárias, grupos de defesa dos doentes e prestadores de cuidados de saúde que servem populações vulneráveis pode ajudar a informar o desenvolvimento e a implementação de soluções baseadas na IA que respondam às necessidades específicas destas comunidades.

Além disso, existe um potencial significativo de colaboração interdisciplinar entre investigadores de IA, clínicos, cientistas de dados e parceiros da indústria para impulsionar a inovação na medicina de precisão. Ao reunir diversos conhecimentos e perspectivas, as equipas interdisciplinares podem enfrentar desafios complexos, explorar novas direcções de investigação e acelerar a tradução de tecnologias orientadas para a IA da bancada para a cabeceira da cama. As colaborações entre o meio académico, a indústria e as agências reguladoras também podem facilitar o desenvolvimento e a comercialização de produtos e serviços baseados em IA, garantindo que cumprem as normas regulamentares e respondem a necessidades clínicas não satisfeitas.

Em suma, as oportunidades para mais investigação e colaboração na medicina de precisão impulsionada pela IA são vastas e multifacetadas. Ao concentrarem-se no aperfeiçoamento dos algoritmos de IA, na integração da IA na prática clínica, na abordagem das disparidades nos cuidados de saúde e na promoção de colaborações interdisciplinares, os investigadores podem libertar todo o potencial da IA para transformar a prestação de cuidados de saúde, melhorar os resultados dos doentes e fazer avançar o domínio da medicina de precisão.

Conclusão

No domínio da medicina de precisão, a integração da inteligência artificial (IA) é extremamente promissora para revolucionar as práticas de cuidados de saúde e os resultados para os doentes. Um aspeto fundamental que impulsiona a inovação é o surgimento de tecnologias orientadas para a IA adaptadas a aplicações de medicina de precisão. Estes avanços englobam um espetro de técnicas, incluindo algoritmos de aprendizagem automática, processamento de linguagem natural e análise preditiva, concebidos para decifrar dados biológicos complexos e revelar conhecimentos sobre mecanismos de doenças, respostas a tratamentos e estratificação de doentes.

O potencial impacto da IA nos cuidados e resultados dos doentes não pode ser exagerado. Com as ferramentas de IA, os prestadores de cuidados de saúde podem tirar partido de grandes quantidades de dados dos doentes para efetuar diagnósticos mais precisos, desenvolver planos de tratamento personalizados e prever respostas individuais ao tratamento. Ao aproveitar o poder da IA para analisar diversas fontes de dados, incluindo genómica, imagiologia e registos clínicos, os médicos podem adaptar as intervenções para corresponder às características únicas de cada paciente, melhorando, em última análise, a eficácia do tratamento e reduzindo os eventos adversos.

Além disso, as iniciativas de medicina de precisão orientadas para a IA têm o potencial de revolucionar a prestação de cuidados de saúde, permitindo estratégias de cuidados proactivos e preventivos. Através de análises preditivas e modelos de estratificação de risco, os prestadores de cuidados de saúde podem identificar indivíduos em risco acrescido de desenvolver determinadas doenças e intervir mais cedo com intervenções direccionadas, modificações do estilo de vida e protocolos de rastreio personalizados. Esta abordagem proactiva não só melhora os resultados dos doentes, como também reduz os custos dos cuidados de saúde, atenuando o peso das doenças crónicas e das complicações evitáveis.

Apesar do notável potencial da IA na medicina de precisão, há vários desafios e considerações que têm de ser abordados para concretizar todos os seus benefícios. O principal deles é a necessidade de garantir a privacidade, a segurança e a confidencialidade dos dados na era da análise de grandes volumes de dados e dos cuidados de saúde orientados para a IA. A proteção das informações sensíveis dos pacientes é fundamental para manter a confiança nos sistemas de saúde e cumprir os requisitos regulamentares, como a Lei de Portabilidade e Responsabilidade dos Seguros de Saúde (HIPAA).

Além disso, as considerações éticas em torno da IA na medicina de precisão exigem uma atenção cuidada. Questões como o viés algorítmico, a transparência, a responsabilidade e a equidade devem ser abordadas para mitigar potenciais danos e garantir que as soluções baseadas em IA beneficiem todos os pacientes de forma equitativa. Ao abordar estes desafios de forma proactiva e ao promover a colaboração entre profissionais de saúde, cientistas de dados, decisores políticos e doentes, podemos aproveitar o potencial transformador da IA para fazer avançar a medicina de precisão e melhorar os resultados dos cuidados de saúde para as pessoas em todo o mundo.

Capítulo 8. Conclusão

Introdução:

No panorama dinâmico da medicina de precisão e da inteligência artificial (IA), a convergência de tecnologias inovadoras e paradigmas de cuidados de saúde deu início a uma nova era de abordagens personalizadas e baseadas em dados para o diagnóstico, tratamento e cuidados dos doentes. À medida que reflectimos sobre a viagem através desta exploração, o Capítulo 8 serve como um momento crucial para destilar conhecimentos fundamentais, contemplar trajectórias futuras e catalisar acções no sentido de concretizar todo o potencial das tecnologias de segmentação baseadas em IA no avanço dos cuidados de saúde.

Em primeiro lugar, uma recapitulação das principais conclusões e ideias sublinha a natureza multifacetada da medicina de precisão e das aplicações de IA nos cuidados de saúde. Desde a compreensão fundamental da imagiologia médica e dos algoritmos de IA até à intrincada interação entre a privacidade dos dados, a ética e a conformidade regulamentar, a nossa exploração lançou luz sobre o potencial complexo, mas transformador, destas tecnologias na definição do futuro da prestação de cuidados de saúde e dos resultados dos doentes.

Olhando para o futuro, uma reflexão sobre o futuro da medicina de precisão e da IA revela um cenário repleto de possibilidades e oportunidades. À medida que a IA continua a evoluir, impulsionada pelos avanços na aprendizagem automática, na aprendizagem profunda e nas redes neuronais, o âmbito das aplicações nas tecnologias de imagiologia médica e de segmentação está pronto a expandir-se exponencialmente. Ao aproveitar o poder da IA para obter informações de vastos conjuntos de dados, os profissionais de saúde podem abrir novos caminhos para a deteção precoce de doenças, o planeamento de tratamentos personalizados e a análise preditiva, revolucionando assim o padrão de cuidados e melhorando os resultados dos pacientes.

Além disso, um apelo à ação ressoa à medida que reconhecemos o imperativo de esforços colectivos para fazer avançar os cuidados de saúde com tecnologias de segmentação baseadas em IA. Para além dos limites da investigação académica e da inovação industrial, a colaboração entre domínios interdisciplinares - abrangendo prestadores de cuidados de saúde, investigadores, tecnólogos, decisores políticos e defensores dos doentes - é essencial para impulsionar um progresso significativo. Ao promover uma cultura de colaboração, partilha de conhecimentos e gestão ética, podemos aproveitar o potencial transformador da IA para enfrentar os desafios prementes dos cuidados de saúde, melhorar a tomada de decisões clínicas e, em última análise, melhorar a vida dos doentes em todo o mundo.

Essencialmente, o Capítulo 8 serve de ponto culminante da nossa exploração, convidando as partes interessadas a refletir sobre os conhecimentos recolhidos, a prever as possibilidades futuras e a abraçar um compromisso coletivo para aproveitar as tecnologias de segmentação baseadas na IA para melhorar os cuidados de saúde. Ao embarcarmos nesta viagem em direção a um panorama de cuidados de saúde mais personalizado, orientado por dados e equitativo, vamos dar ouvidos ao apelo à ação e preparar o caminho para um futuro mais brilhante e saudável, fortalecido pelo potencial transformador da IA e da medicina de precisão.

8.1 Recapitulação das principais conclusões e ideias

Ao longo da nossa exploração da medicina de precisão e da IA nos cuidados de saúde, surgiram várias conclusões e ideias importantes, que iluminam o potencial transformador e os desafios matizados inerentes a este cenário em evolução.

Em primeiro lugar, verificámos que a integração de tecnologias de segmentação baseadas em IA é promissora para revolucionar a imagiologia e o diagnóstico médicos. Ao tirar partido de algoritmos avançados e técnicas computacionais, estas tecnologias permitem aos profissionais de saúde extrair informações significativas de dados de imagiologia complexos, facilitando a deteção precoce de doenças, o diagnóstico preciso e o planeamento de tratamentos personalizados. Além disso, os algoritmos de segmentação orientados para a IA demonstraram uma eficácia notável no aumento da eficiência e da precisão da análise de imagens médicas, dotando os clínicos de ferramentas valiosas para navegarem nos meandros da tomada de decisões clínicas.

Além disso, a nossa exploração sublinhou a importância crítica da privacidade e da segurança dos dados no contexto da medicina de precisão orientada para a IA. Uma vez que os sistemas de saúde dependem cada vez mais da análise de dados em grande escala e de algoritmos de aprendizagem automática para informar as práticas clínicas, a proteção da privacidade e da confidencialidade dos doentes surge como uma preocupação primordial. Quadros robustos de governação de dados, protocolos de segurança rigorosos e orientações éticas são essenciais para mitigar os riscos de violações de dados, acesso não autorizado e enviesamentos algorítmicos, preservando assim a confiança dos doentes e garantindo a utilização responsável das tecnologias de IA nos cuidados de saúde.

Além disso, a nossa análise revelou a influência generalizada de considerações de parcialidade e equidade nos algoritmos de IA utilizados em tarefas de imagiologia e segmentação médicas. Apesar do seu potencial transformador, os modelos de IA são susceptíveis a enviesamentos inerentes aos dados de treino, à conceção algorítmica e aos processos de tomada de decisão, o que pode perpetuar as disparidades nos resultados dos cuidados de saúde entre grupos demográficos. A resolução destes enviesamentos exige um esforço concertado para promover a transparência, a responsabilidade e a diversidade na investigação e desenvolvimento da IA, fomentando algoritmos inclusivos que respeitem os princípios éticos e promovam a prestação de cuidados de saúde equitativos.

Além disso, a nossa análise da conformidade e das normas regulamentares no domínio da medicina de precisão orientada para a IA revelou o complexo panorama regulamentar que rege o desenvolvimento, a implementação e a avaliação das tecnologias de IA médica. É essencial encontrar um equilíbrio entre a inovação e a supervisão regulamentar para garantir a segurança, a eficácia e a qualidade dos cuidados de saúde dos doentes. A harmonização dos quadros regulamentares, a promoção da colaboração interdisciplinar e o estabelecimento de directrizes claras para a validação e certificação da IA são imperativos para navegar no cenário regulamentar em evolução e promover a confiança do público nas soluções de cuidados de saúde impulsionadas pela IA.
Em conclusão, a nossa recapitulação das principais conclusões e ideias sublinha o potencial transformador das tecnologias de segmentação baseadas em IA na medicina de precisão, ao mesmo tempo que destaca a importância de abordar os desafios críticos relacionados com a privacidade dos dados, preconceitos, justiça e conformidade regulamentar. Ao promover a colaboração interdisciplinar, a gestão ética e a inovação responsável, podemos aproveitar todo o potencial da IA para fazer avançar a medicina de precisão, melhorar os resultados dos cuidados de saúde e, em última análise, melhorar o bem-estar dos indivíduos e das comunidades em todo o mundo.

8.2 Reflexão sobre o futuro da medicina de precisão e da IA

Reflectindo sobre a trajetória futura da medicina de precisão e da IA, torna-se evidente que estes domínios sinérgicos têm um imenso potencial para redefinir o panorama da prestação de cuidados de saúde, do diagnóstico e do tratamento. À medida que os avanços tecnológicos continuam a acelerar, a convergência da medicina de precisão e da IA promete dar início a uma nova era de cuidados de saúde personalizados, adaptados às características e necessidades únicas de cada doente.

Uma das perspectivas mais atraentes reside no aperfeiçoamento e expansão das tecnologias de segmentação baseadas em IA para abranger uma gama mais vasta de modalidades de imagiologia médica e tipos de doenças. Com os avanços contínuos nos algoritmos de aprendizagem profunda, nas técnicas de processamento de imagem e nos recursos computacionais, os modelos de IA estão preparados para atingir níveis sem precedentes de precisão, sensibilidade e especificidade na deteção e caraterização de várias patologias, incluindo condições complexas como o cancro, as perturbações neurológicas e as doenças cardiovasculares. Ao aproveitar o poder da IA para obter informações úteis a partir de dados de imagiologia multimodal, os médicos podem aumentar a confiança no diagnóstico, otimizar as estratégias de tratamento e, em última análise, melhorar os resultados dos doentes.

Além disso, a integração da IA no domínio da medicina de precisão é promissora para melhorar a tomada de decisões clínicas através da análise preditiva, da estratificação do risco e da otimização do tratamento. Ao utilizar algoritmos de aprendizagem automática para analisar diversos conjuntos de dados que englobam genómica, variáveis clínicas, biomarcadores de imagem e resultados reais, os prestadores de cuidados de saúde podem obter informações valiosas sobre a progressão da doença, a resposta terapêutica e os factores de prognóstico, permitindo-lhes adaptar as intervenções às necessidades específicas de cada doente. Além disso, os modelos preditivos orientados por IA têm o potencial de revolucionar a medicina preventiva, identificando indivíduos com maior risco de desenvolver determinadas doenças, facilitando a intervenção precoce, modificações no estilo de vida e protocolos de rastreio personalizados para mitigar o peso da doença e melhorar a saúde da população.

No entanto, no meio do potencial transformador da IA na medicina de precisão, é imperativo abordar considerações éticas, sociais e regulamentares críticas para garantir um acesso equitativo, a privacidade dos doentes e a transparência algorítmica. À medida que os algoritmos de IA se tornam cada vez mais integrados nos fluxos de trabalho clínicos, as preocupações relacionadas com o enviesamento, a justiça, a interpretabilidade e a responsabilidade exigem um escrutínio cuidadoso e estratégias de mitigação. Além disso, quadros regulamentares robustos, directrizes éticas e mecanismos de governação são essenciais para salvaguardar os direitos dos doentes, defender a privacidade dos dados e promover a inovação responsável no panorama em rápida evolução da medicina de precisão impulsionada pela IA.

Em resumo, o futuro da medicina de precisão e da IA é promissor para revolucionar os paradigmas de prestação de cuidados de saúde, diagnóstico e tratamento, capacitando os médicos com ferramentas avançadas, conhecimentos e capacidades de previsão para melhorar os resultados dos doentes e a saúde da população. Ao promover a colaboração interdisciplinar, a gestão ética e a previsão regulamentar, podemos aproveitar todo o potencial da IA para inaugurar uma nova era de medicina personalizada, em que as intervenções de cuidados de saúde são adaptadas às características e necessidades individuais de cada doente, concretizando assim a visão de cuidados de saúde de precisão para todos.

8.3 Apelo à ação para fazer avançar os cuidados de saúde com tecnologias de segmentação baseadas em IA

Como estamos na vanguarda de uma revolução nos cuidados de saúde impulsionada por tecnologias de segmentação baseadas em IA, cabe às partes interessadas do meio académico, da indústria, das instituições de cuidados de saúde e dos organismos reguladores adotar coletivamente uma postura proactiva no avanço da integração e adoção destas ferramentas transformadoras. Ao aproveitar a experiência colectiva, os recursos e o engenho de diversas partes interessadas, podemos desbloquear todo o potencial das tecnologias de segmentação baseadas em IA para impulsionar a inovação, melhorar a tomada de decisões clínicas e, em última análise, melhorar os resultados para os doentes.

Em primeiro lugar, os prestadores de cuidados de saúde e as instituições têm de dar prioridade ao investimento em infra-estruturas, recursos e formação para facilitar a integração perfeita das tecnologias de segmentação baseadas em IA nos fluxos de trabalho clínicos. Isto implica promover uma cultura de inovação, aprendizagem contínua e colaboração interdisciplinar para capacitar os profissionais de saúde com as competências, os conhecimentos e a confiança necessários para tirar partido das ferramentas de IA de forma eficaz no tratamento dos doentes. Além disso, são essenciais mecanismos de apoio robustos, como programas de formação dedicados, iniciativas de orientação e colaborações de investigação interdisciplinares, para criar um quadro de clínicos com conhecimentos de IA capazes de aproveitar todo o potencial das tecnologias de segmentação para melhorar a precisão do diagnóstico, o planeamento do tratamento e a gestão dos doentes.

Além disso, as partes interessadas do sector, incluindo os criadores de tecnologia, os fabricantes de dispositivos médicos e os vendedores de software, desempenham um papel fundamental na promoção da inovação e na aceleração da tradução das tecnologias de segmentação baseadas em IA dos laboratórios de investigação para a prática clínica. Ao promoverem a colaboração, a transparência e a interoperabilidade, os líderes do sector podem facilitar o desenvolvimento de soluções de IA fáceis de utilizar e conformes com a regulamentação, que se integrem perfeitamente nos ecossistemas de cuidados de saúde existentes, capacitando assim os médicos com ferramentas intuitivas que melhoram a eficiência, a precisão e a tomada de decisões clínicas.
Paralelamente, as agências reguladoras e os decisores políticos devem envolver-se proactivamente no cenário em rápida evolução das tecnologias de segmentação baseadas em IA para estabelecer orientações, normas e quadros regulamentares claros que garantam a segurança dos doentes, a privacidade dos dados e a integridade ética. Ao promover um ambiente regulamentar propício que equilibre a inovação com a proteção dos doentes, as entidades reguladoras podem incutir confiança entre os prestadores de cuidados de saúde, as partes interessadas da indústria e os doentes, promovendo assim a adoção e aceitação generalizadas das tecnologias de segmentação baseadas em IA na prática clínica.

Além disso, a promoção da colaboração interdisciplinar e da partilha de conhecimentos entre o meio académico, a indústria e as instituições de cuidados de saúde é essencial para catalisar a inovação, acelerar o desenvolvimento tecnológico e abordar os desafios críticos e os estrangulamentos que impedem a adoção generalizada de tecnologias de segmentação baseadas em IA. Ao promover o diálogo aberto, a colaboração e o intercâmbio de conhecimentos, as partes interessadas podem identificar coletivamente as oportunidades, abordar os obstáculos e fazer avançar o campo da segmentação baseada em IA para novas fronteiras de inovação e impacto na medicina de precisão.

Em conclusão, o advento das tecnologias de segmentação baseadas em IA representa uma oportunidade transformadora para revolucionar a prestação de cuidados de saúde, o diagnóstico e o planeamento do tratamento. Ao adoptarem uma abordagem colaborativa e proactiva, as partes interessadas em todo o ecossistema de cuidados de saúde podem aproveitar o poder da IA para desbloquear novos conhecimentos, melhorar a tomada de decisões clínicas e, em última análise, melhorar os resultados dos doentes.

Através de esforços concertados, investimentos estratégicos e previsão regulamentar, podemos concretizar todo o potencial das tecnologias de segmentação baseadas em IA para dar início a uma nova era de medicina de precisão, em que as intervenções de cuidados de saúde são adaptadas às características e necessidades individuais de cada doente, avançando assim as fronteiras dos cuidados de saúde e melhorando a vida de milhões de pessoas em todo o mundo.

Conclusão

Em conclusão, a exploração das tecnologias de segmentação baseadas em IA na medicina de precisão revela um cenário rico em potencial para um impacto transformador. Através de uma análise rigorosa, iluminámos as capacidades destas tecnologias para revolucionar o diagnóstico, o planeamento do tratamento e os cuidados aos doentes. Ao aproveitar o poder dos algoritmos avançados e das técnicas de aprendizagem automática, os profissionais de saúde podem aprofundar os dados de imagiologia médica, descobrindo informações que antes estavam ocultas. Além disso, a integração da segmentação baseada em IA nos fluxos de trabalho clínicos é promissora para melhorar a eficiência, a precisão e, em última análise, os resultados dos doentes.

Além disso, a nossa análise sublinhou a importância da colaboração interdisciplinar e da previsão regulamentar para a concretização de todo o potencial das tecnologias de segmentação baseadas em IA. Ao promover parcerias entre o meio académico, a indústria e os organismos reguladores, podemos navegar no complexo panorama do desenvolvimento, validação e implementação de tecnologias, garantindo que as inovações se traduzem em benefícios tangíveis para os doentes. Além disso, o estabelecimento de quadros e normas regulamentares claros é fundamental para salvaguardar a segurança dos doentes, a privacidade dos dados e a integridade ética na era da medicina de precisão baseada na IA.
Olhando para o futuro, é imperativo que as partes interessadas em todo o ecossistema de cuidados de saúde se mantenham vigilantes na abordagem dos desafios e no aproveitamento das oportunidades apresentadas pelas tecnologias de segmentação baseadas em IA. À medida que a tecnologia continua a evoluir e surgem novas inovações, a investigação, a educação e a colaboração contínuas serão essenciais para nos mantermos na vanguarda do progresso. Ao adotar uma cultura de aprendizagem, adaptação e inovação contínuas, podemos aproveitar todo o potencial da segmentação baseada em IA para fazer avançar as fronteiras da medicina de precisão, dando início a uma nova era de cuidados de saúde personalizados, adaptados às necessidades únicas de cada paciente.

9. Bibliografia:

[1] K. T.K. e S. Xavier, "An Intelligent System for Early Assessment and Classification of Brain Tumour," 2018 Second International Conference on Inventive Communication and Computational Technologies (ICICCT), 2018, pp. 1265-1268, doi: 10.1109/ICICICCT.2018.8473297.

[2] A. Sorokin et al., "Multi-label classification of brain tumour mass spectrometry data In pursuit of tumour boundary detection method," 2017 International Conference on Intelligent Informatics and Biomedical Sciences (ICIIBMS), 2017, pp. 169-171, doi: 10.1109/ICIIBMS.2017.8279736.I. S. Jacobs e C. P. Bean, "Fine particles, thin films and exchange anisotropy," in Magnetism, vol. III, G. T. Rado and H. Suhl, Eds. New York: Academic, 1963, pp. 271-350.

[3] B. M, "Técnica de segmentação automática de tumores cerebrais com redes neurais convolucionais em imagens de ressonância magnética", 2021 6ª Conferência Internacional sobre Tecnologias de Computação Inventiva (ICICT), 2021, pp. 759-764, doi: 10.1109/ICICICT50816.2021.9358737. [4] B.V.Kiranmayee, Dr.T.V.Rajinikanth,S.Nagini, "A novel data mining approach for brain tumour detection "2nd international conference on contemporary computing and informatics(ic3i) IEEE,2016.

1. H. T. Zaw, N. Maneerat e K. Y Win, "Deteção de tumores cerebrais com base na classificação de Naive Bayes", 5ª Conferência Internacional de Engenharia, Ciências Aplicadas e Tecnologia (ICEAST) de 2019, 2019, pp. 1-4, doi: 10.1109/ICEAST.2019.8802562.
2. R. Lavanyadevi, M. Machakowsalya, J. Nivethitha e A. N. Kumar, "Classificação e segmentação de tumores cerebrais em imagens de RMN utilizando PNN," 2017 IEEE International Conference on Electrical, Instrumentation and Communication Engineering (ICEICE), 2017, pp. 1-6, doi: 10.1109/ICEICE.2017.8191888.
3. O papel das técnicas de imagiologia médica no tratamento do tumor cerebral humano - Scientific Figure on ResearchGate. Disponível em: https://www.researchgate.net/figure/MRI-planes- for-MRI-head-scana-Axial-b-Coronal-c-Sagittal-MR-scanner- cangenerate_fig2_338448026 [acedido em 23 de setembro de 2022]
4. R. Tamilselvi, A. Nagaraj, M. P Beham e M. B. Sandhiya, "BRAMSIT: A Database for Brain Tumour Diagnosis and Detection," 2020 Sixth International Conference on Bio Signals, Images, and Instrumentation (ICBSII), 2020, pp. 1-5, doi: 10.1109/ICBSII49132.2020.9167530.
5. M. FARZANA, M. J. HOSSAIN ANY, M. T REZA e M. Z.PARVEZ, "Semantic Segmentation of Brain Tumour from 3D Structural MRI Using U-Net Autoencoder," 2020 International Conference on Machine Learning and Cybernetics (ICMLC), 2020, pp. 137142, doi: 10.1109/ICMLC51923.2020.9469580.
6. Chandra, Rohit, e Ilangko Balasingham. -Deteção de tumores cerebrais e localização de uma fonte de RF no cérebro profundo utilizando imagens de micro-ondas! 2015 9th European Conference on Antennas and Propagation (EuCAP). IEEE, 2015.
7. A. Saraswat e N. Sharma, "Bypassing Confines of Feature Extraction in Brain Tumour Retrieval via MR Images by CBIR," ECS Transactions, vol. 107, n.º 1, pp. 3675-3682, Abr. 2022, doi:10.1149/10701.3675ecst.
8. A. Saraswat e N. Sharma, "Salvaging tumor from T1-weighted CEMR images using automatic segmentation techniques," International Journal of Information Technology, May 2022, doi: 10.1007/s41870-022-00953-6.

9. Saraswat A., Kalra B., Aplicação de engenharia segura para deteção de imagem médica usando rede neural convolucional profunda, Journal of Green Engineering, 2020, 10(11), pp. 12523-12535
10. Gurjapna Anand e Amar Saraswat, Profitability Visualization in Catalog Management System (Visualização da rentabilidade no sistema de gestão de catálogos), 2022 ECS Trans. 107 10693, https://doi.org/10.1149/10701.10693ecst.
11. S. S. Thomas, A. Saraswat, A. Shashwat e V. Bharti, "Sensing heartbeat and body temperature digitally using Arduino," 2016 International Conference on Signal Processing, Communication, Power and Embedded System (SCOPES), 2016, pp. 1721-1724, doi: 10.1109/SCOPES.2016.7955737.
12. A. Saraswat e K. Gupta, "Simulação do controlo de admissão de chamadas com base no ponto final utilizando o temporizador de retransmissão", 2013 5th International Conference and Computational Intelligence and
Redes de Comunicação, 2013, pp. 220-224, doi:
10.1109/CICN.2013.53.

Printed by Books on Demand GmbH, Norderstedt / Germany